# ときめくクラゲ図鑑

写真・文：峯水 亮

山と溪谷社

## story 3 クラゲのきほん



## story 4 クラゲのときめき



## story 5 クラゲに出会いに

# はじめに

クラゲの魅力を語るとき、クラゲの海の中での存在価値についてふれないわけにはいきません。

クラゲを漢字で書くとき、昔の人はなぜ「水母」と書いたのでしょうか。これにはわけがあります。クラゲのことをよく観察してみると、たくさんの生き物がクラゲに関わって生きていることに気づきます。

例えば、甲殻類の一種であるセミエビ類のフィロソーマ幼生の場合は、クラゲに乗ることで捕食者から身を守り、海流に乗ってより遠くに楽に運ばれます。また、ときにはクラゲが大事な栄養源にもなります。アジなどの回遊魚の幼魚たちも、大海原ではクラゲを隠れる場所として活用し、クラゲに守られながら夜の安全な寝床としても利用しています。

その他にも、数多くの魚の稚魚や幼魚たちがクラゲを隠れ場所に活用しています。端脚類《たんきゃくるい》のウミノミ類やタルマワシ類などもクラゲを住処にし、繁殖のために活用します。このように、クラゲは数多くの海の生き物たちに住処を与え、ときには自らがエサにもなる、まさに生き物たちにとって母なる存在なのです。

本書に使用した写真のほとんどは、この本のために選び抜き撮り下ろした作品です。収録した種類については私が20年来出会ってきたクラゲの中でも、特に「この美しさを見てほしい」と感じたものや、生態のユニークなクラゲを私の独断で選びました。ですから、一般的なクラゲ図鑑とは紹介されている種類もずいぶん異なるものが出来たように思います。ご紹介できたクラゲ以外にも、海の中にはまだまだ数多くのクラゲが存在しています。

この本でクラゲに興味を持たれたら、ぜひ、今度はフィールドに出かけて海の中をのぞいてみませんか。まるで宝石を探しあてるような、そんな魅惑的な世界が待っているはずです。

story

# 1

# クラゲの記憶

ゆらゆらと海中を漂うクラゲは、
つかみどころのない不思議な生き物であり、
昔から人々の心をつかんで離しません。
クラゲとわたしたちの歴史を紐解いていきましょう。

1
memory

# クラゲは日本人の心を写してきた

## 『古事記』『枕草子』にも登場

**ゆらゆらと水の中を漂うクラゲ。「クラゲ」という言葉は、日本のさまざまな文献の中に登場しますが、生き物そのものではなく、言い表せない人びとの心を表現するときに用いられていました。**

クラゲは、日本最古の古典『古事記』の「天地の初め」の章に、次のように登場します。

「国稚《わか》く浮ける脂《あぶら》の如くして、くらげなすただよへる時」

これは、「人間の住む土地はまだ新しく、浮いた油脂のようで、くらげのように漂っている時」という意味。まだ輪郭が定まらない日本のたゆたう様子を、クラゲの姿に重ねたのです。

説話集『今昔物語』では、珍しいものの象徴として、クラゲが登場します。

「みづはさす八十《やそじ》あまりの老の波くらげの骨に逢ふぞうれしき」（増賀聖人《ぞうがしょうにん》）

これは「八十あまりの老いをむかえ、うれしいことに、今にして会いがたいこのしあわせに会えたことよ」という意味。つまり、「くらげの骨に逢ふ」は、ありえないことに出会うことの例えとして用いられているのです。

## 5つの物語に残るクラゲにまつわる記録

### 1
**見えないものを例える**

随筆『枕草子』では、中納言隆家《たかいえ》が、自分の目で見たことのない扇の骨を異様にほめるのに対して、清少納言が「それではクラゲの骨のよう」と冷やかす場面があります。

### 2
**食用として用いられた**

主に中華料理でクラゲが食用とされますが、平安時代の法典『延喜式』には、日本でも古くから食用とされていたという記述が。現代と同様、細切りにし乾燥させ、塩とミョウバンで漬けていたそうです。

### 3
**ありえないものを表現する**

クラゲには骨がないため、ありえないことを指すときに「クラゲの骨」と言われました。軍記物語『承久記』には「命あればクラゲの骨にも申すたとえの候なり」と使われています。

### 4
**殴られてゼリー状になった!?**

ジェー・バチェラ著『アイヌ炉辺物語』には、クラゲは人間に毒を盗まれ、全身を殴られたことでゼリー状になったという記述が。アイヌ語でクラゲは「クジラの鼻汁」と呼ぶ地域もあります。

### 5
**骨を抜き取られて海に浮かんでいる**

日本の民話「クラゲの骨なし」では、クラゲは、余計なことを言ったために罰として骨を抜かれてしまい、今でも海の上のほうでプカプカと浮かんでいると描かれています。

2
memory

## クラゲ愛は万国共通
# さまざまな国に残る言い伝え

**古くからクラゲとのつながりが深いのは、日本だけではありません。世界には、国によってさまざまな言い伝えがあり、物語や伝説などに、たびたび登場しています。**

日本では、クラゲの語源は、クラゲに目がないように見えることから「暗気」だと言われるほか、まるい入れ物「輪笥（くるげ）」に由来しているという説もあります。

ポルトガルでは、水面に漂うクラゲの姿をみて「海の月」と呼びました。日本の『古事記』でも、クラゲを「海月」と書かれています。

そんなロマンチックなイメージとは真逆なのがアメリカでの言い伝えです。アメリカでは、クラゲは「ジェリーフィッシュ」と呼ばれていて、クラゲはその毒と形態から、かつての海の男たちに悪魔として恐れられていました。ギリシャ神話に登場する「medusa《メドゥーサ》」の変身だと信じられていたそうで、英語表記の「medusa」には「くらげ」の意味もあるのです。

## 世界の気になるクラゲ情報

### 1 パラオ クラゲが集まる湖

パラオ共和国にある約80の塩水湖は、タコクラゲの亜種たちが独自の進化を遂げていることから、総称して「ジェリーフィッシュレイク」と呼ばれ、注目されています。

### 2 パリ クラゲ協定を結ぶ

山形県鶴岡市の加茂水族館は、パリにある水族館「シネアクア」内にあるクラゲ館から研究生を受け入れ、繁殖技術などを指導。クラゲの情報交換を促進させる協定を結びました。

### 3 中国 最古のクラゲの化石発見

2013年に京都大学瀬戸臨海実験所の日中共同研究チームが、中国の陝西省《せんせいしょう》にある約5億4千年前の地層から世界最古のクラゲの祖先化石を発見。立方クラゲ類の祖先にあたります。

### 4 ヨーロッパ クラゲ商品を続々開発中

ヨーロッパでは、科学者たちが大量発生したクラゲを破棄せず商品化するプロジェクト「Gojelly」を立ち上げました。クラゲ・チップスや化粧品など、さまざまな商品を開発中です。

### 5 メキシコ 人気の「渦巻くらげ」

渦巻状にカットできるキャノンボールクラゲは、歩留りがいいため食用クラゲに向いています。なかでもメキシコ産は品質がよく大人気。「渦巻クラゲ」として注目されています。

3
memory

# クラゲに魅せられた人々

## 未来を変える大発見！

**クラゲは、その不思議な姿・生態から、研究者にとって、いつの時代も特別な生き物でした。クラゲの生態は、ときに最先端科学における大発見につながることもあるのです。**

クラゲ研究の第一人者として有名なのは、オーストラリアクラゲ刺傷情報室室長のリサ＝アン・ガーシュウィンさんですが、2008年に、一躍、有名になったのが、ノーベル化学賞を受賞した下村脩《しもむらおさむ》さん（米ウッズホール海洋生物学研究所・元上席研究員）です。下村さんは、オワンクラゲ（P.54）が発光する仕組みを解明する過程で、緑色蛍光たんぱく質（GFP）を分離し、構造を解明。GFPは、細胞内で動く分子にくっついて光るので、あらかじめ細胞に組み込んでおくことで、例えば、がんの転移先や、アルツハイマー病で神経細胞が壊れていく様子などを観察できます。下村教授が研究のために採集したオワンクラゲは、19年間で85万匹にものぼりました。

昭和天皇も、クラゲに魅せられたひとりです。クラゲ類の中で最も多様な分類群であるヒドロ虫を長年にわたり研究し、「相模湾産ヒドロ虫類」（1988年）、「相模湾産ヒドロ虫類Ⅱ」（1995年）にまとめ、クラゲ研究に貢献されました。

## クラゲは発見と発想の原石

**1 江戸時代の魚類図鑑に収録**

博物学好きの讃岐高松藩五代藩主・松平《まつだいら》頼恭《よりたか》は絵師の三木文柳《みきぶんりゅう》に魚の図譜『衆鱗図』を依頼。その中にはクラゲも描かれています。すべて、浮き彫り仕立てで作られた豪華な魚類図鑑です。

**2 理化学研究所もクラゲ成分に注目**

理研はエチゼンクラゲなどのクラゲ種から医薬品材料として注目される糖タンパク質の一種「ムチン」を発見。オリジナル化合物「クニウムチン」として実用化を目指しています。

**3 クラゲの“ゆらゆら”癒し効果を研究**

日本大学大学院生物環境科学の研究チームは、クラゲを見ると脳波が安定したり、ストレスの度合いを示す唾液クロモグラニンAが減少することを発見しました。

**4 クラゲコラーゲンが皮膚再生を促進**

神奈川県川崎市にある株式会社海月研究所と東海大学医学部基盤診療学系の研究グループは、ミズクラゲのコラーゲンに、皮膚再生の促進効果があることを見出しました。

**5 クラゲのような半透明サンダル**

1946年にフランスで生まれた塩化ビニール製の「クラゲサンダル」。クラゲのように半透明で、ゼラチン質のような質感からそう名付けられていて、いまも世界各国で愛されています。

4
memory

## ことばとクラゲ

# 詩歌の中でも自由に泳ぐ

**夏に海で泳いでいたら、クラゲに刺された……という人もいるのでは？　そんな夏の海の風物詩である「クラゲ（海月）」は夏の季語。どんなふうに、詩の中で唱えられてきたのでしょうか。**

海月が用いられた俳句は、数多くあります。

永き日を海月ふうわりふうわりと　正岡子規

白雲の影きれぎれの海月かな　暁台

どちらもクラゲの骨のない様子や浮遊する姿が、人々の想いを表しています。また、「水《くら》海《げ》・海折《かいせつ》・石鏡《せききょう》」なども、海月を表す夏の季語です。

また、ことわざにもクラゲが用いられているものがあります。

「水母の風向かい」は、クラゲが風上に向かって進もうとしてもできないことから、敵対しても無駄なこと。「水母骨に会う」は、出会うはずのないものに会うことをいいます。

俳句と同じく、かたちのないものを表現するときに用いられるのです。

story

# 2

# ゆらめくクラゲの世界へ

透明な姿はまるで海の宝石のよう。
小さなものから、数メートルを超える大きなものまで、
姿かたちはさまざまです。
模様があったり、カラフルだったり、光ったり、
個性豊かなクラゲたちの登場です。

# ようこそ
# ゆらめくクラゲの世界へ

## ［図鑑ページの見方］

**学名**
ラテン語による正式な名前です。『日本クラゲ大図鑑』（平凡社）に準拠しています。

**解説**
特徴を記しています。

**写真**
このクラゲの魅力、特徴がわかる写真です。

**分類のアイコン**
※左ページ参照

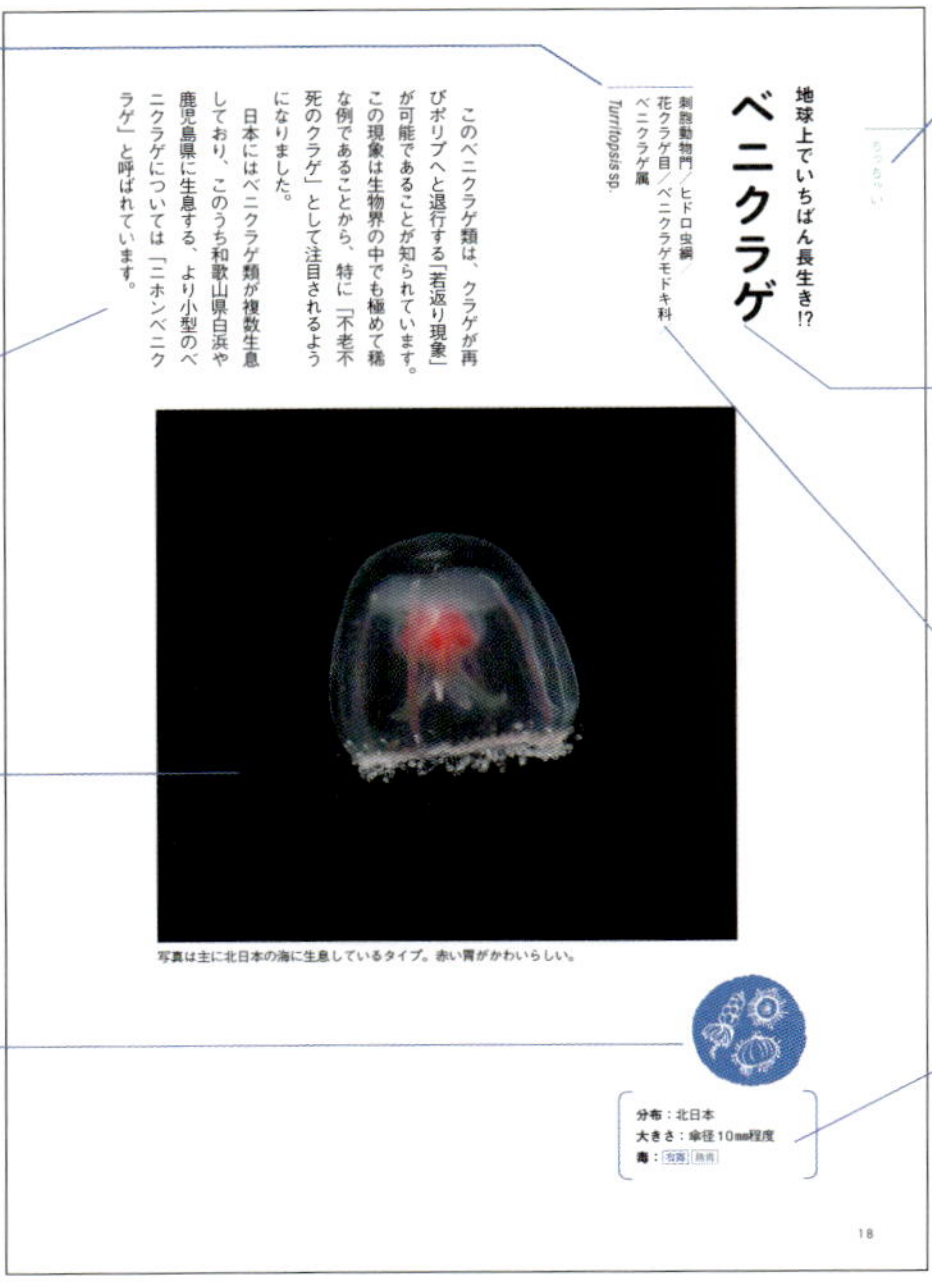
地球上でいちばん長生き!?

ベニクラゲ

刺胞動物門／ヒドロ虫綱
花クラゲ目／ベニクラゲモドキ科
ベニクラゲ属
*Turritopsis* sp.

このベニクラゲ類は、クラゲが再びポリプへと退行する「若返り現象」が可能であることが知られています。この現象は生物界の中でも極めて稀な例であることから、特に「不老不死のクラゲ」として注目されるようになりました。
日本にはベニクラゲ類が複数生息しており、このうち和歌山県白浜や鹿児島県に生息する、より小型のベニクラゲについては「ニホンベニクラゲ」と呼ばれています。

写真は主に北日本の海に生息しているタイプ。赤い胃がかわいらしい。

分布：北日本
大きさ：傘径10㎜程度
毒：有毒 無毒

18

**カテゴリ**
クラゲの特徴、またはときめくポイントで分けました。
※ページ下参照

**クラゲの名前**
日本で呼ばれている名前です。

**分類**
「門・綱・目・科・属」の分類を示しています。

**データ**
分布、大きさ、毒の有無を書いています。毒に関する補足もあります。

---

### カテゴリ解説

ちっちゃい……10㎜前後のクラゲたち。小さな宝石が浮かんでいるみたいなクラゲ

ぽってり……空気をたっぷり含んだような、ぽってりとしたかたちが愛らしいクラゲ

何かに似ている？ 何かの形に似ていることから和名がついたクラゲ

ゆらゆら……ただただ、その漂う姿を見ていたいクラゲ

楽しい模様……水玉、ボーダーなどポップな模様をしているクラゲ

衝撃的……「これもクラゲ⁉」とおもわず驚くような姿をしているクラゲ

すけすけ……光がまっすぐ抜けてしまうくらい透明感のあるクラゲ

ときどき……ときどきしか出会えない貴重なクラゲ

大きい……1m前後から数mの、迫力いっぱいのクラゲ

カラフル……色とりどりの、もしくは独特な色をしたクラゲ

ひらひら……浅い皿のような傘を持つクラゲ

沈むのが好き……基本的には海底にくっついて生活するクラゲ

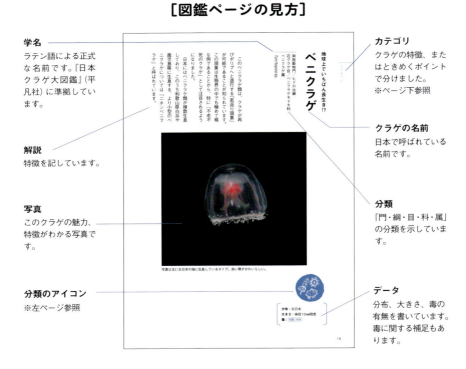

## 分類のアイコン解説

### 刺胞《しほう》動物門(刺胞でエサを捕まえたり身を守る)

**鉢虫綱《はちむしこう》**

ポリプの時代の形態が杯や鉢状であることが由来。旗口クラゲ目、根口クラゲ目、冠クラゲ目に分かれる。

**ヒドロ虫綱《ちゅうこう》**

透明度が高く、構造が比較的単純なものが多い。触手の形態や刺胞の種類もさまざまで、花クラゲ目、軟クラゲ目、淡水クラゲ目、硬クラゲ目、剛クラゲ目、管クラゲ目に分かれる。

**箱虫綱《はこむしこう》**

立方クラゲとも呼ばれ、傘の4隅に触手があり、触手の付け根にオール上の葉状体を持つ。アンドンクラゲ目、ネッタイアンドンクラゲ目に分かれる。

**十文字クラゲ綱**

遊泳せず、海藻や岩場に付着して生活する。「目」は十文字クラゲ目のみ。

### 有櫛《ゆうしつ》動物門(粘着性の細胞でエサを捕まえる)

**有触手綱《ゆうしょくしゅこう》**

風船形、兜形、帯形などさまざまな形態がある。フウセンクラゲ目、カブトクラゲ目、カメンクラゲ目、オビクラゲ目、クシヒラムシ目に分かれる。

**無触手綱《むしょくしゅこう》**

触手や触手鞘がなく、口を大きく開いてほかのクシクラゲ類を捕食する。「目」はウリクラゲ目のみ。

## クラゲをもっと知るための用語解説

### ●傘にまつわる用語

**外傘《がいさん》**：クラゲの傘の外側

**外傘刺胞列《がいさんしほうれつ》**：傘の外側にある刺胞の列

**傘径《さんけい》**：クラゲの傘の直径

**傘高《さんこう》**：クラゲの傘の高さ

**傘頂《さんちょう》**：クラゲの傘の頂上

### ●刺胞にまつわる用語

**刺胞《しほう》**：刺細胞といわれる細胞の中の細胞小器官

**刺胞塊《しほうかい》**：刺胞の塊

**刺胞瘤《しほうりゅう》**：傘と触手の付け根に存在する刺胞細胞が密集した瘤状の組織

### ●触手にまつわる用語

**触手鞘《しょくしゅしょう》**：クシクラゲ類の仲間で触手を納めておく部分

**触手瘤《しょくしゅりゅう》**：触手の付け根にある瘤状になっている部分

### ●そのほか

**枝管**：枝分かれする管

**感覚器《かんかくき》**：クラゲの傘の縁にあり、重力を感じ平衡を保つための平衡石を持つ平衡器と光を感じる眼点がある

**気胞体《きほうたい》**：浮き袋のように空気を含んだ小胞

**子午管《しごかん》**：クシクラゲ類の水管で体表に沿って縦に走る水管

**水管系《すいかんけい》**：放射管や環状管、それらを繋ぐ細管を含めて、消化器官や循環系の役割を担う

**被嚢《ひのう》**：サルパなどの外皮

**副軸**：傘から放射状に伸びる軸の一つで、末端から触手が派生することが多い

**保護葉《ほごよう》**：クダクラゲ類の体のパーツ。主に栄養部にあり、口や胃などを保護する硬い寒天質のもの

**放射管《ほうしゃかん》**：胃腔から傘の周辺に向けて伸びる細い管

# クラゲの体の名称

クラゲは分類によって姿に違いが見られ、さまざまな名称があります。
本書に出てくる名称を中心に紹介します。

## ●刺胞動物門

### 〈鉢虫綱《はちむしこう》〉

#### 旗口《はたぐち》クラゲ目

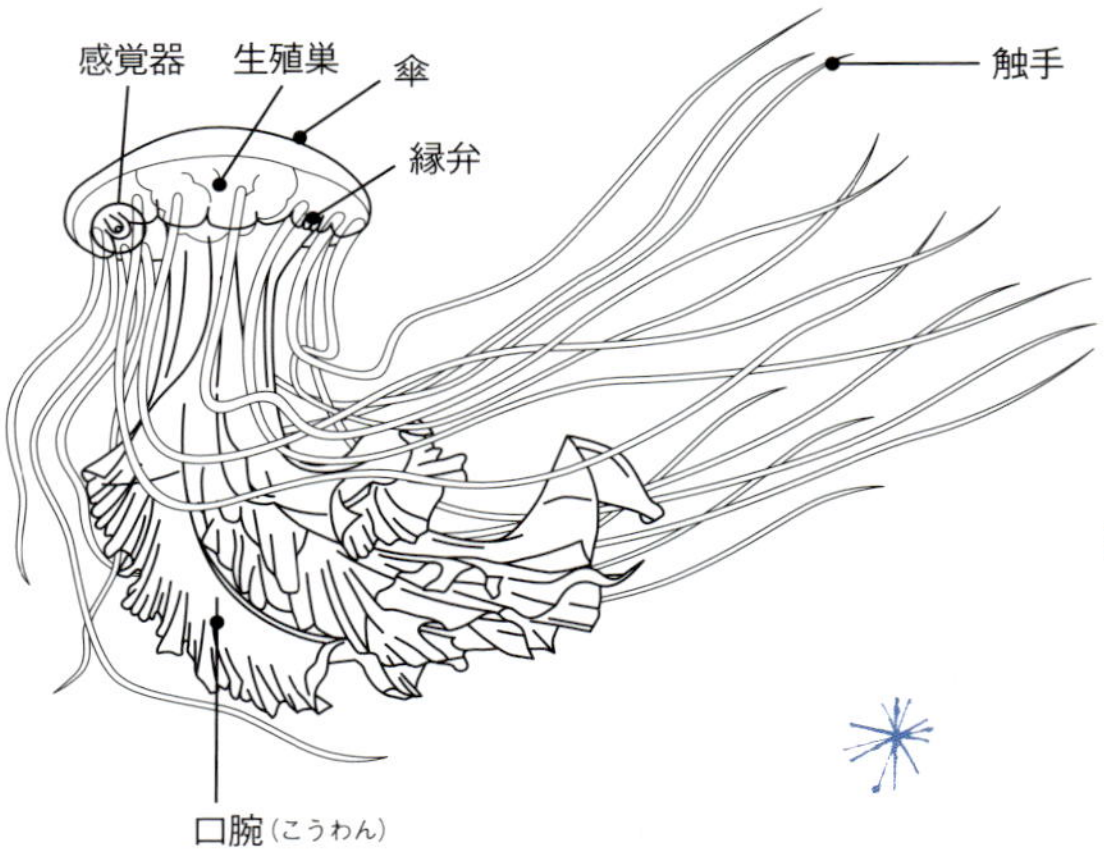


#### 根口《ねぐち》クラゲ目

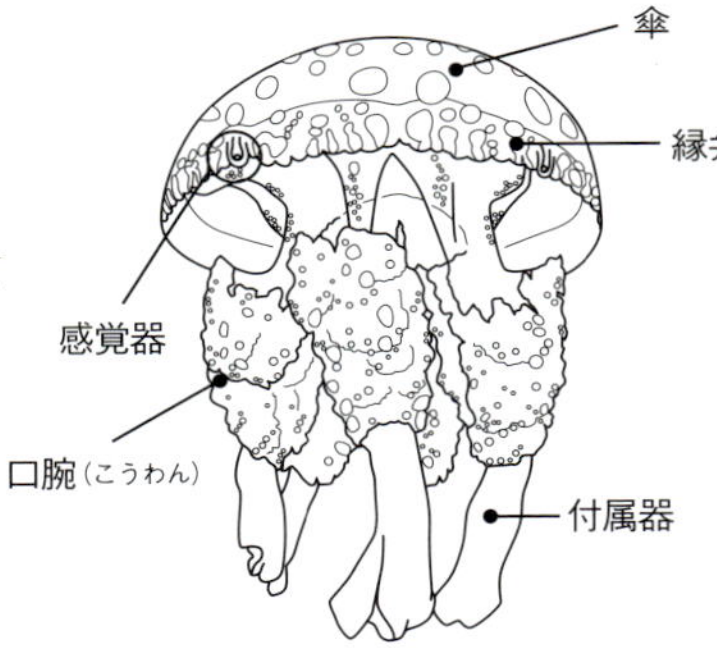


### 〈ヒドロ虫綱〉

#### 管《くだ》クラゲ目

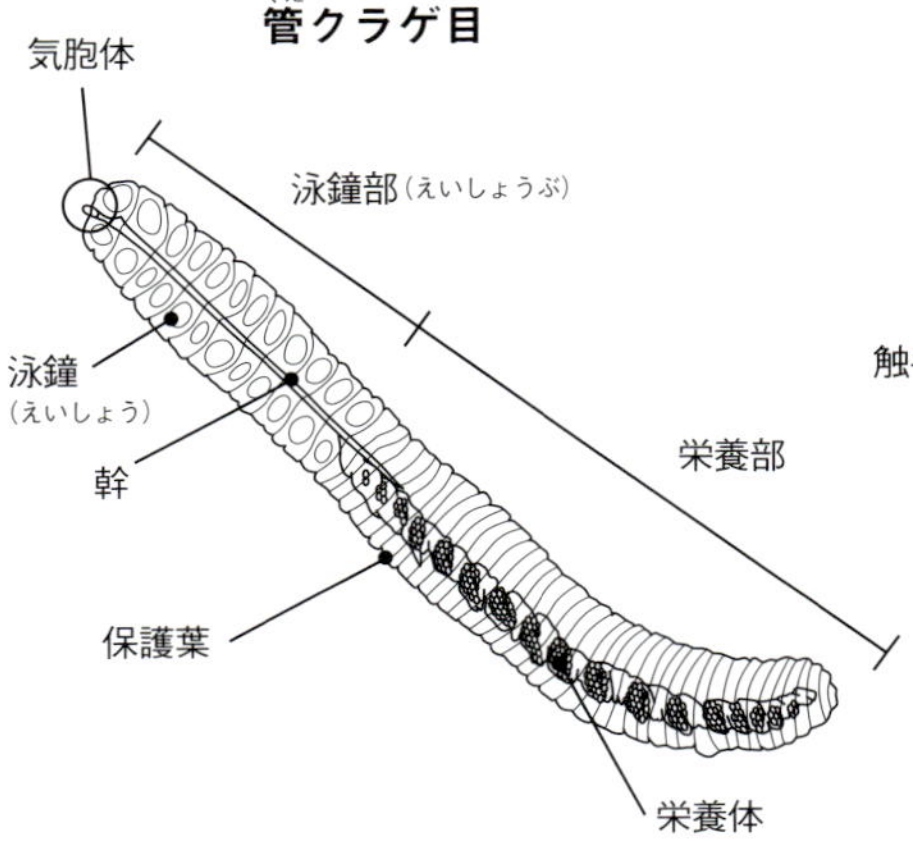


#### 軟《やわら》クラゲ目

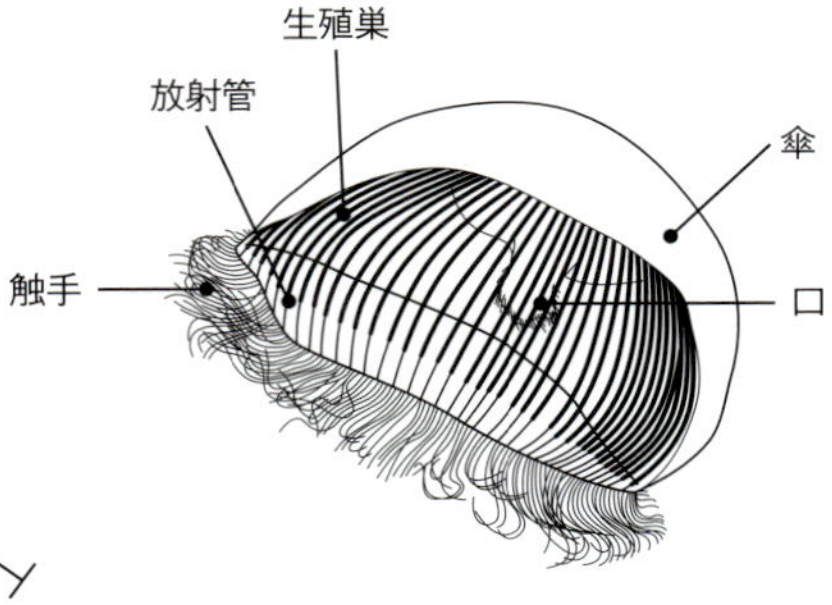

### クラゲの体のヒミツ

❶クラゲは人間のような皮膚がなく、細胞で温度を感じている。
❷クラゲの体温は水温によって変化する。
❸波に体をゆだねているように見えるが、平衡器官を備えていて、そこから情報を発してバランスをとっている。

### 〈箱虫綱《はこむしこう》〉

#### アンドンクラゲ目

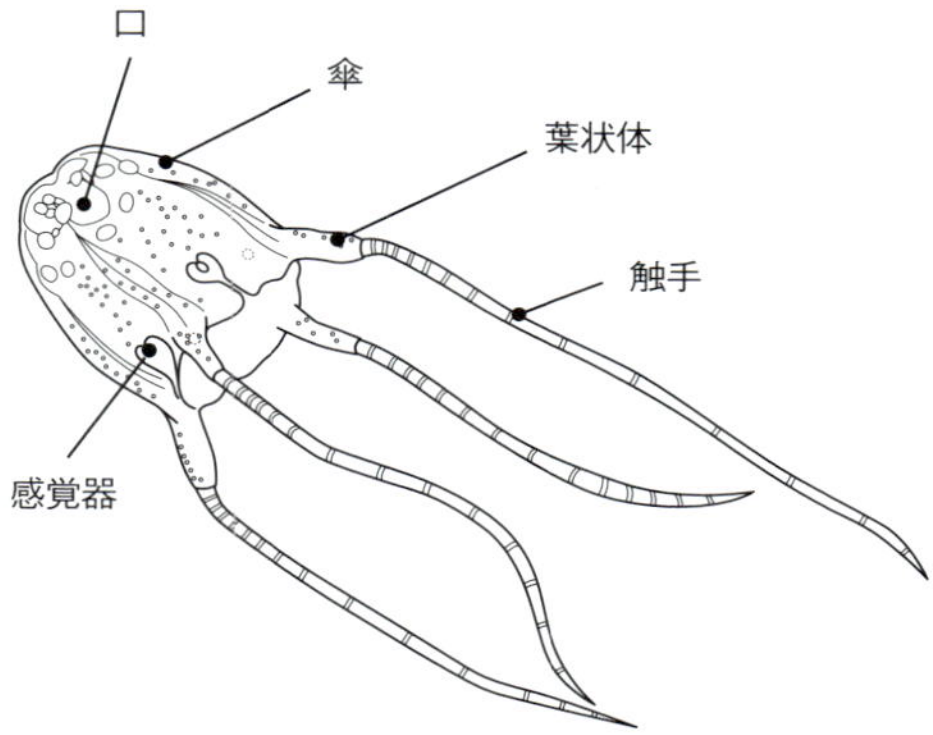


## ●有櫛《ゆうしつ》動物門

### 〈有触手綱〉

#### カブトクラゲ目

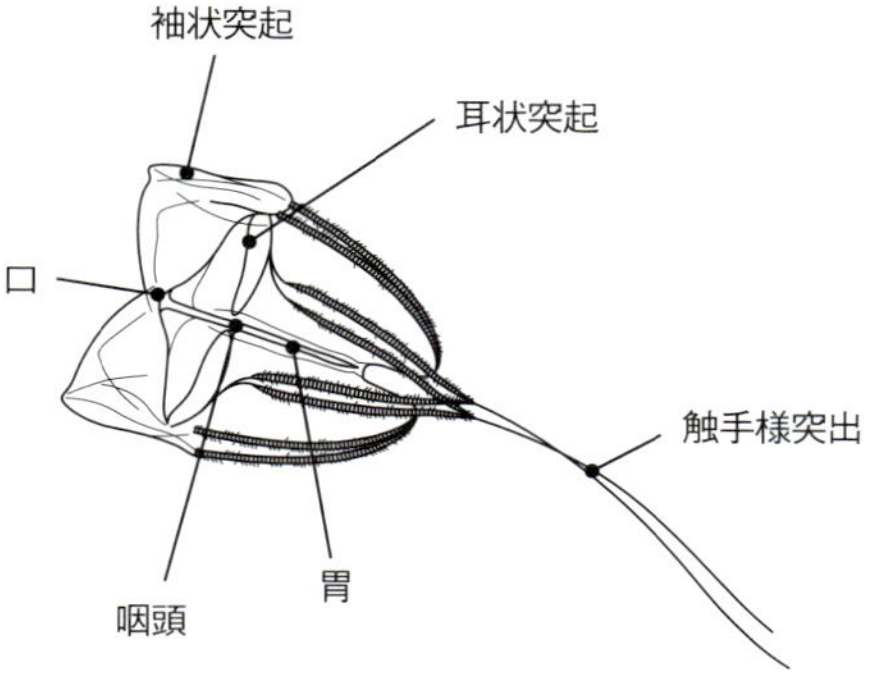


### 〈無触手綱〉

#### ウリクラゲ目

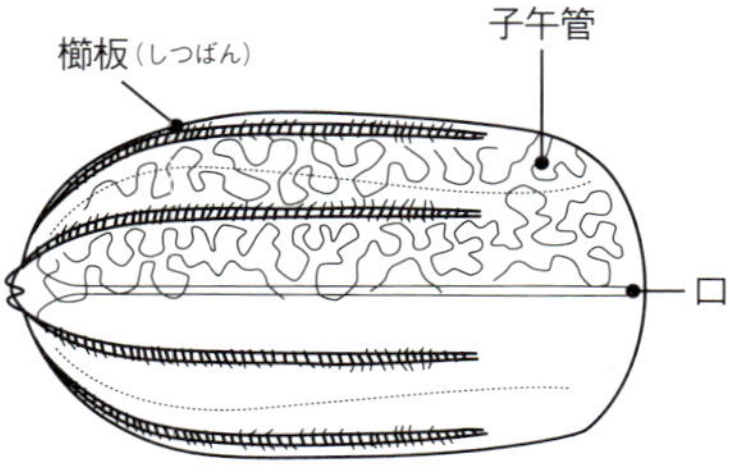

地球上でいちばん長生き!?

# ベニクラゲ

刺胞動物門／ヒドロ虫綱／花クラゲ目／ベニクラゲモドキ科／ベニクラゲ属
*Turritopsis* sp.

このベニクラゲ類は、クラゲが再びポリプへと退行する「若返り現象」が可能であることが知られています。この現象は生物界の中でも極めて稀な例であることから、特に「不老不死のクラゲ」として注目されるようになりました。

日本にはベニクラゲ類が複数生息しており、このうち和歌山県白浜や鹿児島県に生息する、より小型のベニクラゲについては「ニホンベニクラゲ」と呼ばれています。

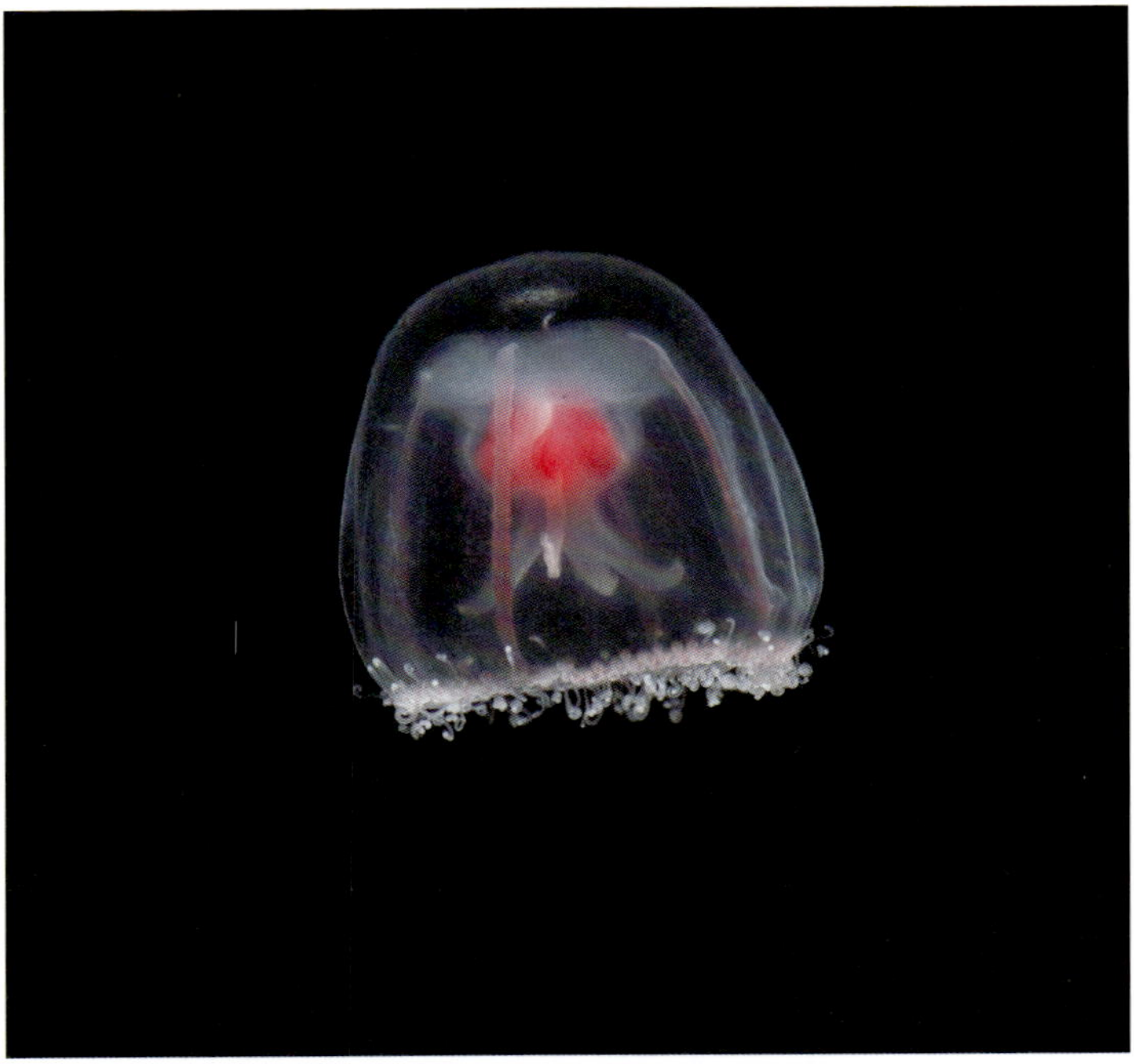

写真は主に北日本の海に生息しているタイプ。赤い胃がかわいらしい。

**分布**：北日本
**大きさ**：傘径10㎜程度
**毒**：有毒　無毒

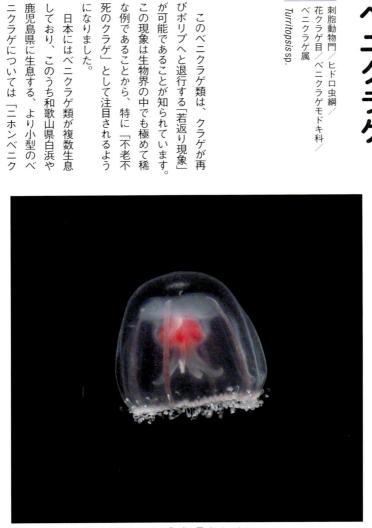

ちっちゃい

バンザイしながら泳ぐ

# ハナヤギウミヒドラモドキクラゲ

刺胞動物門／ヒドロ虫綱／花クラゲ目／ウミエラヒドラ科／ハナヤギウミヒドラモドキクラゲ属
*Thecocodium quadratum*

傘幅5ミリほどの小型のクラゲで、南日本の外洋域に、主に冬から春にかけて現れます。

口柄《こうへい》の周りを取り巻くように、オレンジ色の生殖巣が発達しています。傘の外側に並ぶ無数の白い点のようなものはすべて刺胞の塊です。傘縁の正軸部にポケット状の溝があり、そこから4本のしっかりとした触手がまるでバンザイするかのように上向きに伸びてユニークです。泳ぎ方はピコ、ピコとしたゆっくりなリズムです。

鮮やかなオレンジ色の生殖巣は、水中でもよく目立つ。

**分布**：南日本
**大きさ**：傘幅5㎜程度
**毒**：有毒 無毒

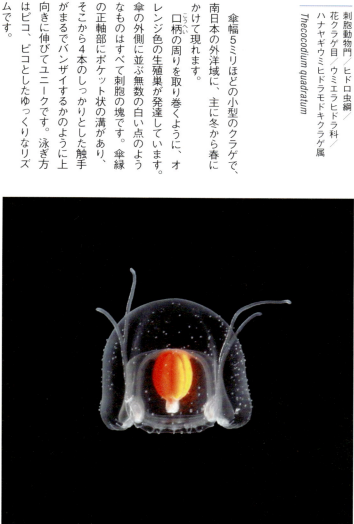

海の中を漂う小さなＵＦＯ

# ヒメムツアシカムリクラゲ

刺胞動物門／鉢虫綱／冠クラゲ目／ムツアシカムリクラゲ科／ムツアシカムリクラゲ属

*Atorella vanhoeffeni*

浅いお椀形をした傘径7ミリほどの小さなクラゲです。傘の中央がレンズ状に厚く、出会う度に形がUFOっぽいなと感じています。

無造作に伸びる6本の触手は、いずれもその先端が黄色く丸く膨らんでいて、これもまた宇宙っぽさを感じさせます。海の中では、積極的に泳ぐというよりも、どちらかといえば潮に流されながら漂っています。それぞれの触手の間にひとつずつ、計6個の感覚器が並びます。

傘の形状がUFOのよう。浮遊生物の世界で宇宙を連想させる存在。

**分布**：南日本／カリフォルニア沖、カリブ海、メキシコ湾など

**大きさ**：傘径7㎜程度

**毒**：有毒　無毒

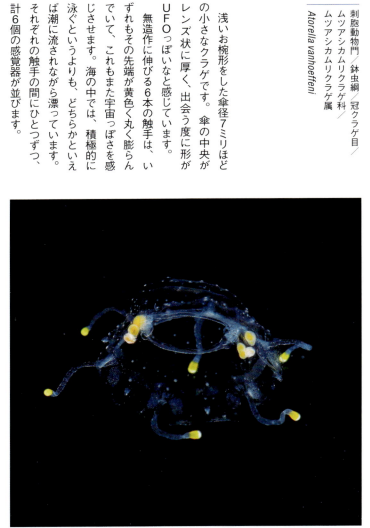

アンバランスな片足姿

# カタアシクラゲモドキ

刺胞動物門／ヒドロ虫綱／花クラゲ目／カタアシクラゲモドキ科／カタアシクラゲモドキ属

*Euphysa aurata*

傘頂のゼラチン質は、側辺に比べて厚みがあります。放射管は4本。近縁のカタアシクラゲ同様、触手は1本のみで、名前のとおりアンバランスな片足姿をしています。

カタアシクラゲモドキ属は、刺胞塊が蛇腹状《じゃばらじょう》に触手を取り巻いているのが特徴です。

口柄《こうへい》や傘縁瘤《さんえんりゅう》は淡黄色で、傘縁は紅色に染まります。冬から早春にかけて南日本に現れます。泳ぎ方はピコッピコッとゆっくりなリズムです。

駿河湾では毎年早春に一定量が現れる。成熟個体は発見が困難。

**分布**：日本各地の沿岸部／インド洋～西太平洋、大西洋、地中海など
**大きさ**：傘高6㎜程度
**毒**：有毒　無毒

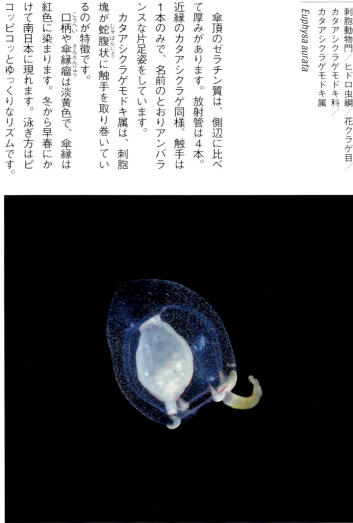

小さな帽子がゆらゆら泳ぐ

# コエボシクラゲ

刺胞動物門／ヒドロ虫綱／花クラゲ目／コエボシクラゲ科／コエボシクラゲ属

*Halitiara formosa*

傘高5ミリほどの小さなクラゲです。傘の頂上にゼラチン質の塊があり烏帽子《えぼし》状《じょう》になっています。同じく烏帽子の形をもつエボシクラゲ（P.47）よりも小さいため、この名がつきました。

縁から伸長する触手は4本だけですが、短い触手状の突起がそれぞれの触手の間に3本ずつ、計12本が並んでいます。南日本では冬から春に、特に外洋に多く現れて、ピコ、ピコッと海中をかわいらしく泳いでいます。

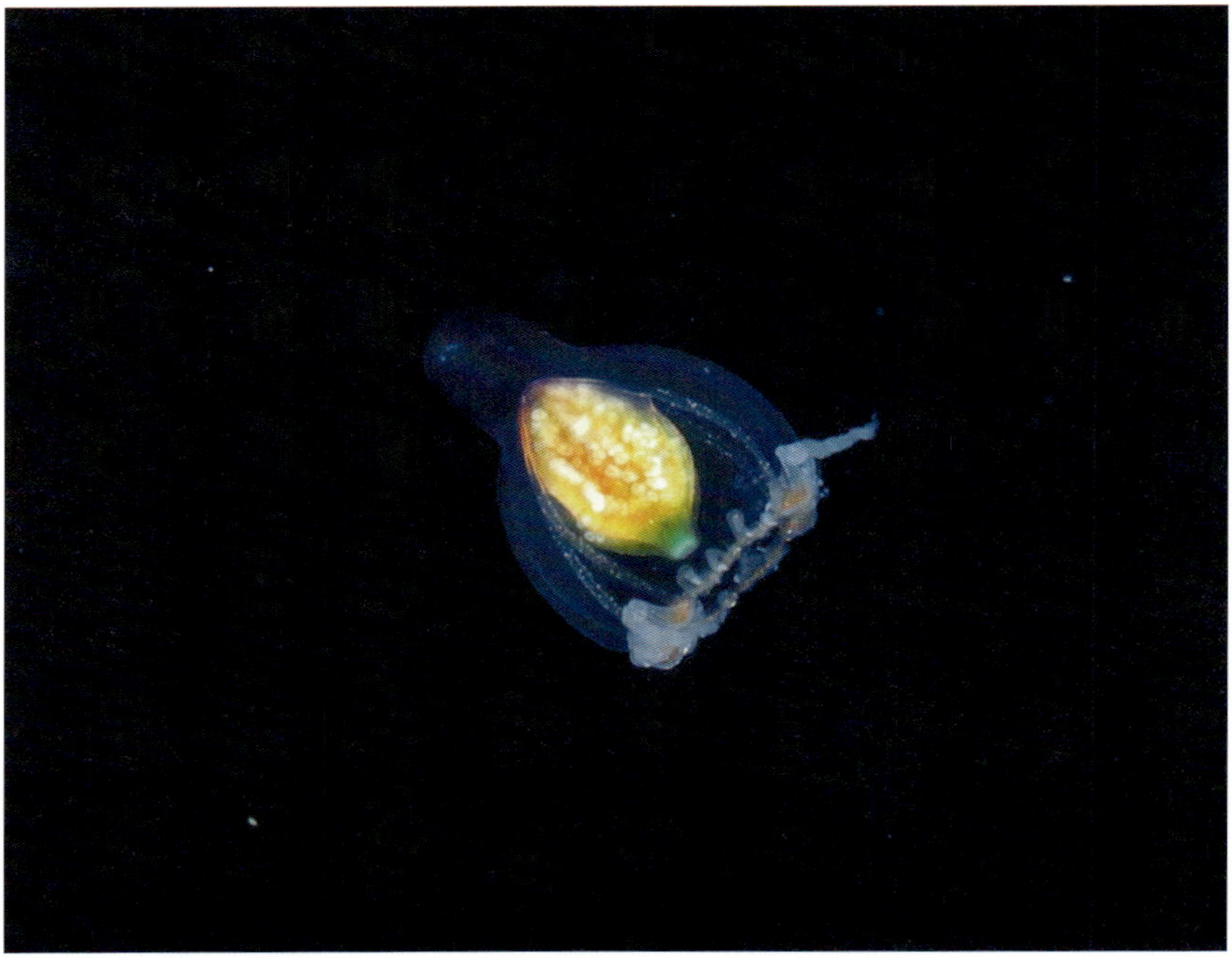

黄色い生殖巣は口柄を取り巻くように形成される。

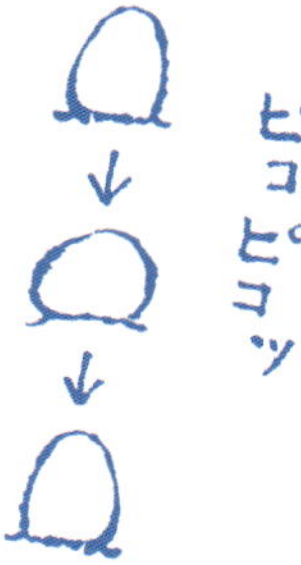

**分布**：本州中部～南西諸島／インド洋～太平洋、大西洋、地中海
**大きさ**：傘高5㎜程度
**毒**：有毒　無毒

2本の触手が長〜く伸びます

# ツリアイクラゲ

刺胞動物門／ヒドロ虫綱／花クラゲ目／エボシクラゲ科／ツリアイクラゲ属

*Amphinema rugosum*

ツリアイは「吊り合い」の意味。こちらもコエボシクラゲ（P.22）同様、傘の頂上は烏帽子状《えぼしじょう》ですが、成長するにつれて丸みを帯び、やがて球状になっていきます。傘幅の何百倍にも長く伸長させることができる触手は、左右に1本ずつ。それをまるで獲物を捕らえるトラップのようにめいっぱい広げて、獲物がかかるのをじっと待ちます。何かがふれると、触手を一瞬で縮ませて捕らえ、口をそこに近づけて食べます。

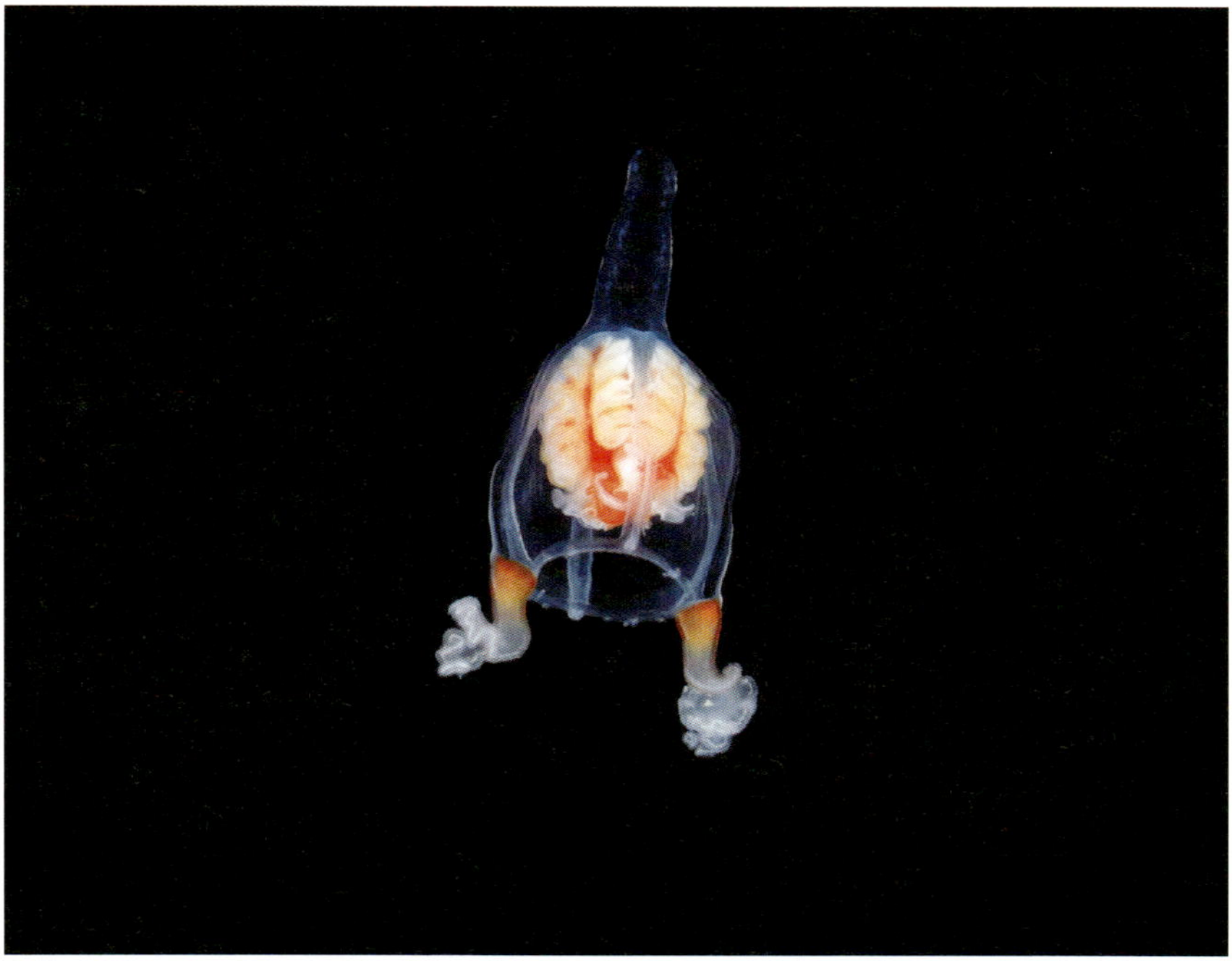

生殖巣はフラスコ状の口柄の周りに、ひだのある複雑な形で形成されている。

**分布**：本州中部〜九州沿岸／インド洋〜太平洋、大西洋、地中海

**大きさ**：傘高6㎜程度

**毒**：有毒　無毒

振り子のように片足で泳ぐ

# カタアシクラゲ

刺胞動物門／ヒドロ虫綱／花クラゲ目／オオウミヒドラ科／カタアシクラゲ属

*Euphysora bigelowi*

放射管は4本で、その傘縁の一か所から1本だけ伸びる長い触手が、名前の由来。触手の片側だけに球状の刺胞塊が数珠状《じゅずじょう》に連なります。近縁のカタアシクラゲモドキの刺胞塊は、蛇腹状《じゃばらじょう》に並びます。その他の傘縁には、触手状の短い突起が3本あります。ポリプは砂泥上に単立する40〜50ミリほどの大型のもので、日本では関東以南に、世界ではインド・太平洋、地中海にまで幅広く分布しています。

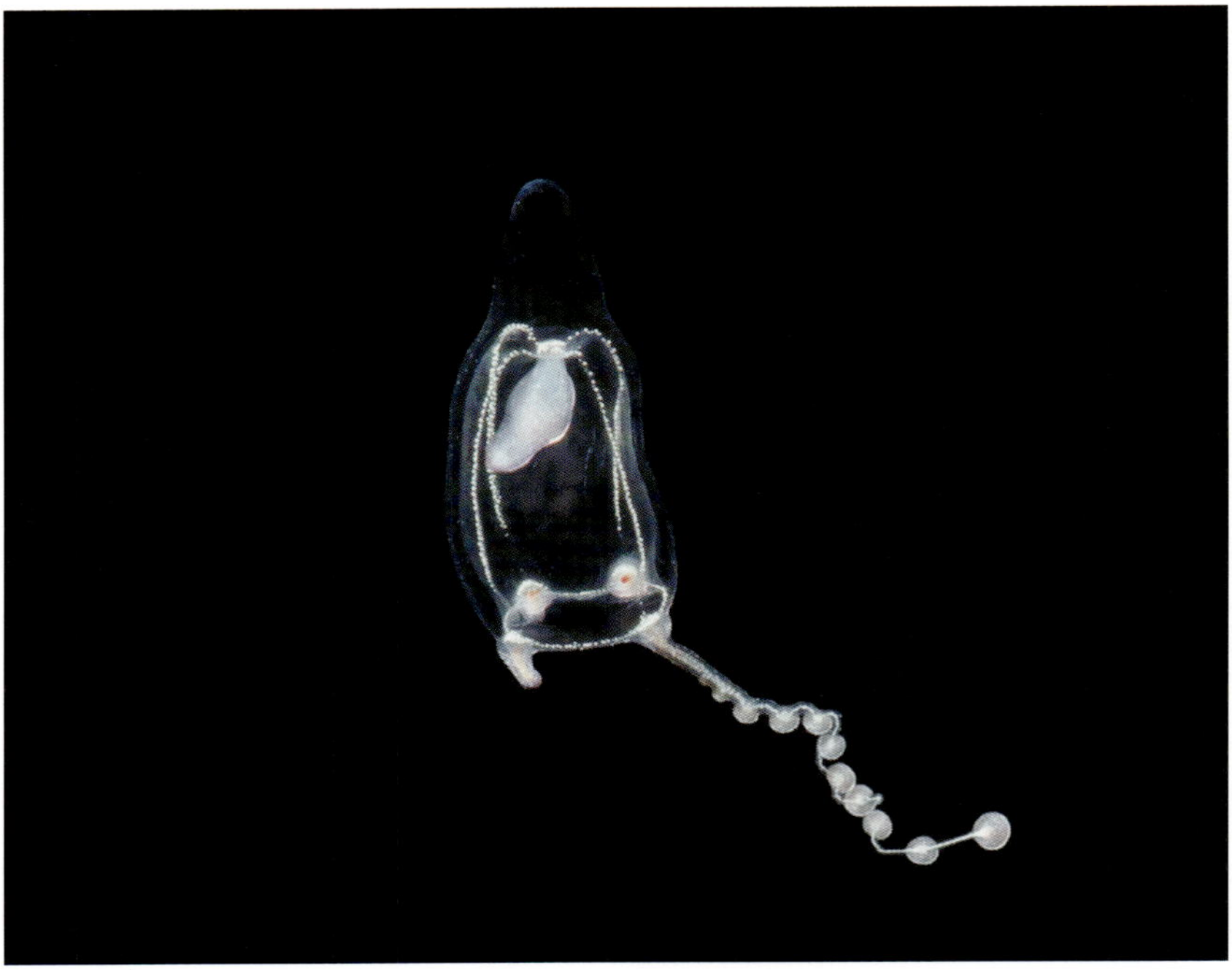

泳ぐときは振り子のように前後に振れるので、一見バランスがわるそうに見える。

**分布：**南日本／インド洋〜太平洋、地中海
**大きさ：**傘高6㎜程度
**毒：**有毒　無毒

## 海の中に落ちた水滴

# プラヌラクラゲ

刺胞動物門／ヒドロ虫綱／剛クラゲ目／プラヌラクラゲ科／プラヌラクラゲ属

*Tetraplatia volitans*

クラゲとはとても思えないユニークな容姿です。体長9ミリほどの紡《ぼう》錘形《すいけい》で、体表は繊毛に覆われています。上下に分かれたような形の体は、上側は短円錐形、下側は長円錐形で、両者を隔てる浅い溝から4つのヒレのような触手群が外に張り出しています。

刺胞動物の幼期ステージのひとつであるプラヌラに外見が似ていることから、このような名前で呼ばれています。

表層から水深900mほどまでに生息する。

**分布**：北極海を除く世界中
**大きさ**：体長9㎜程度
**毒**：有毒　無毒

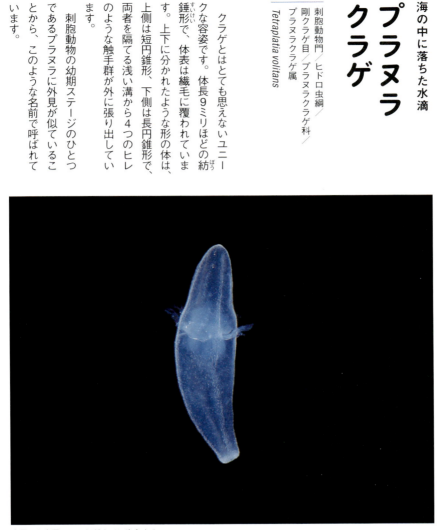

緑色に光る小さな風船

# フウセンクラゲモドキ

有櫛動物門／有触手綱／フウセンクラゲ目／フウセンクラゲモドキ科／フウセンクラゲモドキ属

*Haeckelia rubra*

全長15ミリほど。体は緑色を帯びて見えることが多く、触手鞘《しょくしゅしょう》の開口部は赤色をしています。

フウセンクラゲ（P.35）によく似ていますが、触手の形が違います。触手は側枝のない1本の糸状で、そこにヒドロクラゲ類を捕食した際に盗んだ刺胞を装填して、護身や捕食に利用する「盗刺胞《とうしほう》」が知られています。

主に南日本の表層に生息し、分布域ではニチリンクラゲ（P.91）などを捕食している姿をよく目にします。

クシクラゲ類の仲間は基本的に毒を持たないが、盗刺胞によって毒を持つ変わり種。

**分布：**南日本各地／北大西洋、地中海
**大きさ：**体長15㎜程度
**毒：**有毒 無毒

ゆらめく海のバラ

# ノキシノブクラゲ

刺胞動物門／ヒドロ虫綱／管クラゲ目／ヨウラククラゲ科／ノキシノブクラゲ属
*Athorybia rosacea*

植物のシダの一種であるノキシノブに似ていることが和名の由来。透明で、長い葉っぱ状の保護葉が中心から放射状に重なるように伸びています。

泳ぐための泳鐘《えいしょう》を一切持たず、発達した気胞体によって浮力を調整しています。気胞体は紅色を帯びており、栄養部はピンク色であることが多く見られます。この色合いからも、種小名ではバラを意味する、「rosacea」と名付けられています。

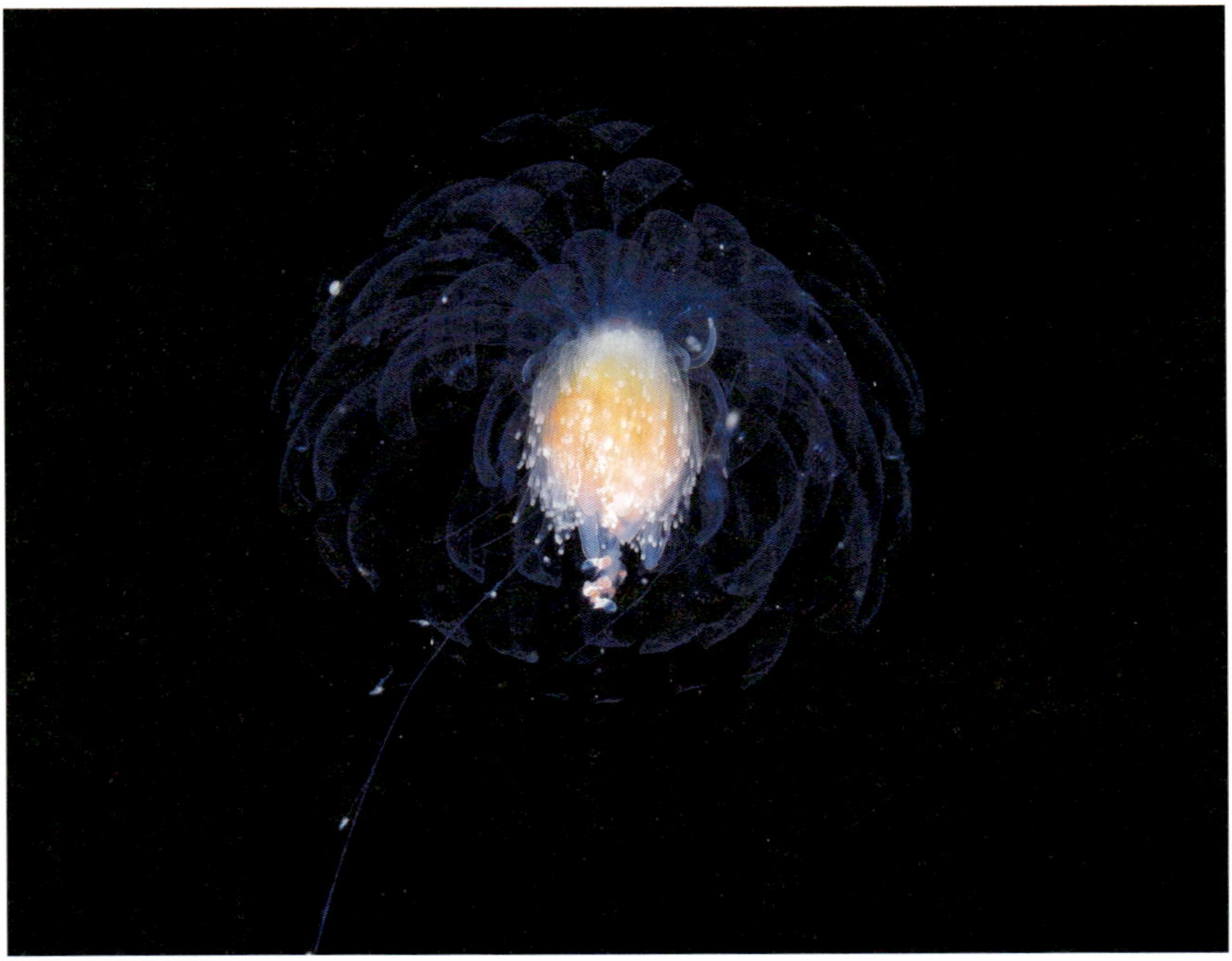

カイアシ類や甲殻類の幼生、仔魚、ヤムシなどを捕食する。

**分布**：南日本各地／極域を除く世界中の温・熱帯域
**大きさ**：群体の幅10㎜程度
**毒**：有毒 無毒

瞬間移動が得意です

# ヒメツリガネクラゲ

刺胞動物門／ヒドロ虫綱／硬クラゲ目／イチメガサクラゲ科／ヒメツリガネクラゲ属
*Aglaura hemistoma*

傘高6ミリほどの小さなクラゲで、傘は釣鐘《つりがね》のような形をしています。放射管は8本で、棍棒状《こんぼうじょう》の感覚器を持ちます。触手は細く、64本まであります。

水中では触手をふわっと広げて漂っていますが、危険を感じると瞬間的に触手を縮めて一瞬にして飛んで移動してしまいます。そのため、見失うことがたびたびあります。小さい体の割には傘の筋肉質が発達しているようです。

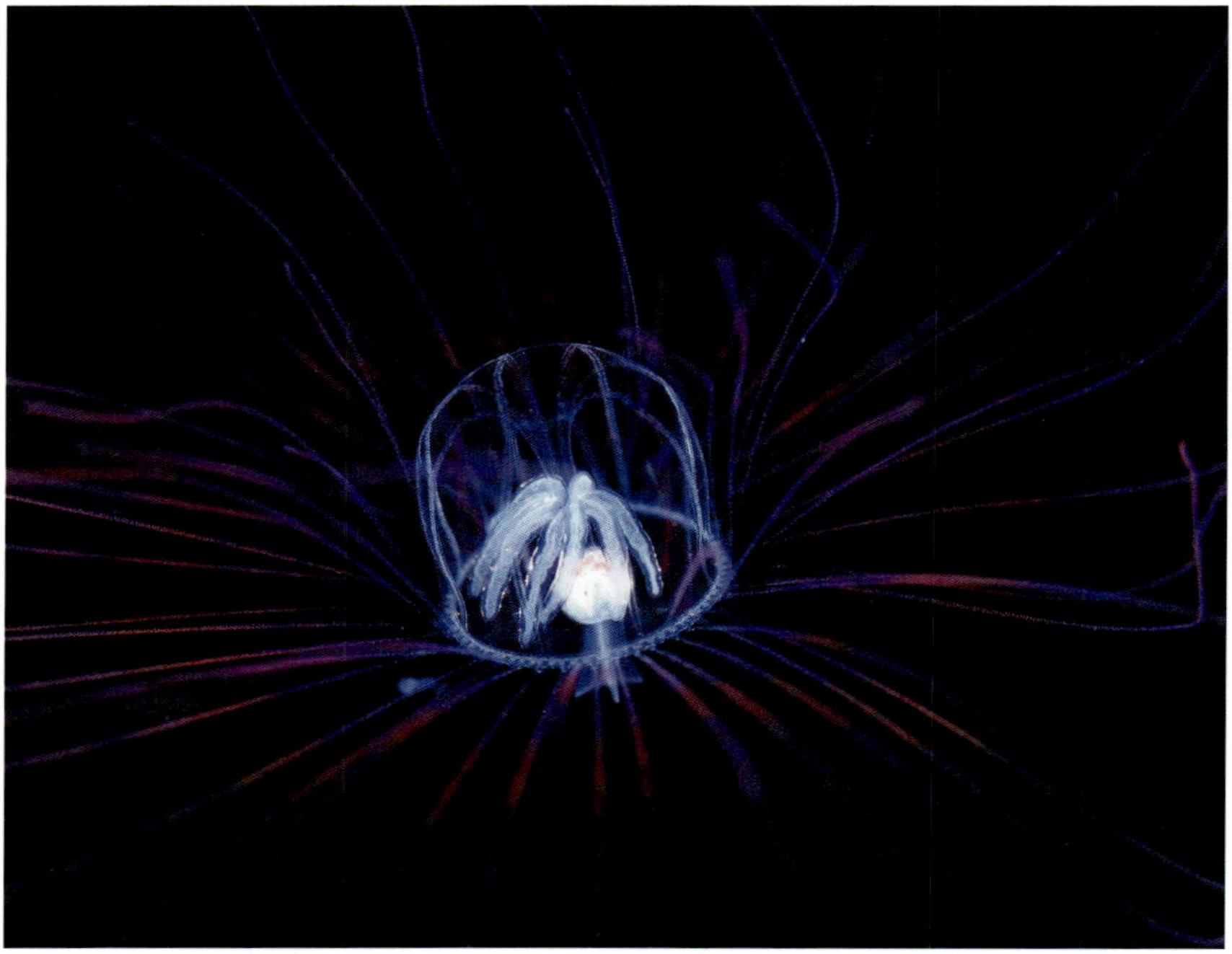

釣鐘状の傘は、ゼラチン質が薄くやわらかい。

**分布**：南日本／インド洋～太平洋、大西洋
**大きさ**：傘高6㎜程度
**毒**：有毒 無毒

三線を弾く新種のクラゲ

# コモチカギノテクラゲモドキ

刺胞動物門／ヒドロ虫綱／淡水クラゲ目／ハナガサクラゲ科／コモチカギノテクラゲ属

*Scolionema sanshin*

２０１７年に沖縄から新種報告されたクラゲです。傘は浅いお椀形で、傘径は5ミリほど。触手は傘縁に約60本あります。触手の先端や口は蛍光緑色を帯びていることが多く、放射管は4本。その傘縁にひだ状の生殖巣が発達しています。

　種小名の「sanshin」は、沖縄海域で初めて発見されたことと、触手の先が沖縄の楽器「三線《さんしん》」を弾く人の指のように曲がっていることに由来します。

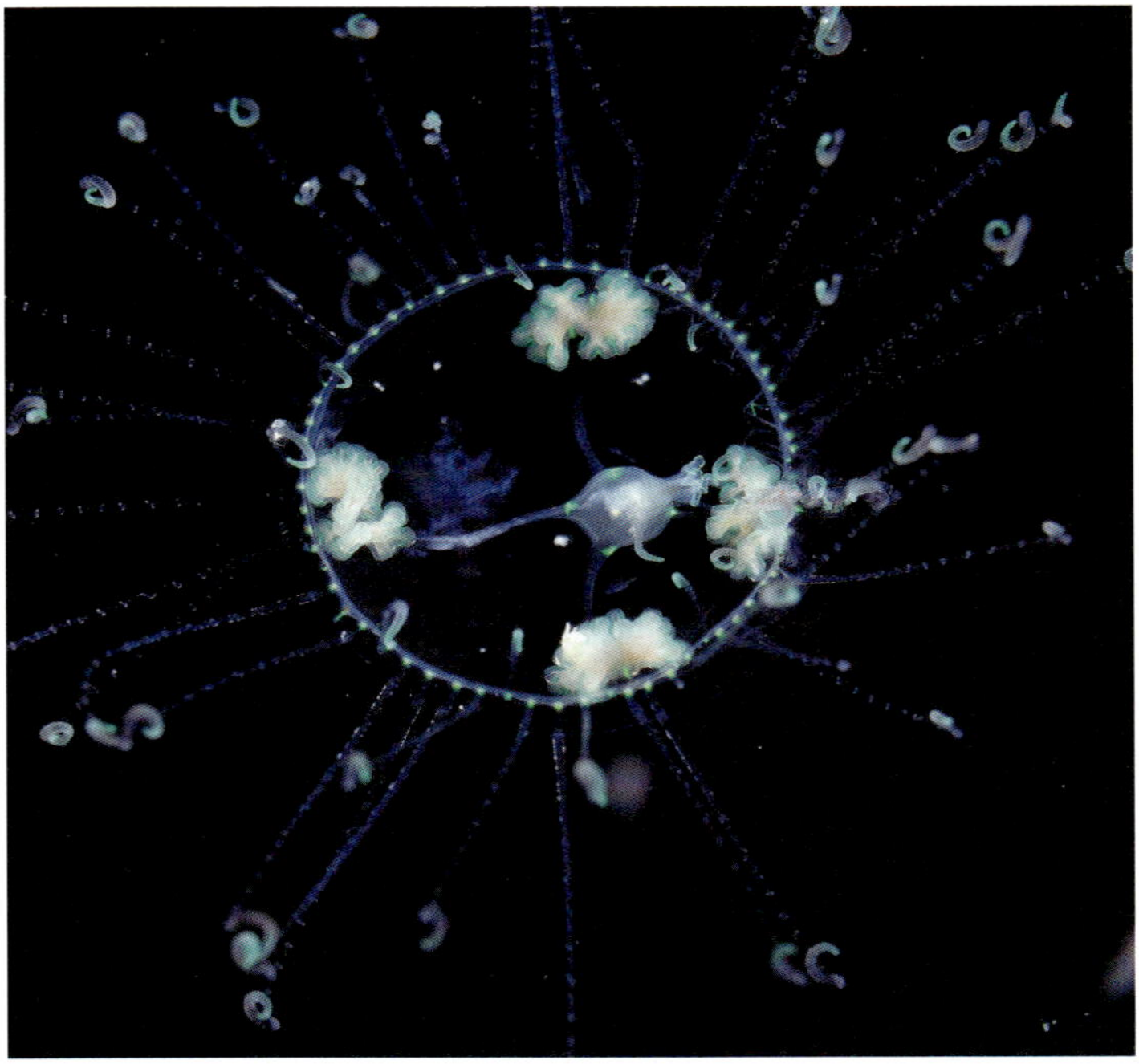

コモチカギノテクラゲの近縁。傘縁にクラゲ芽を発芽させず、代わりにひだ状の生殖巣が発達する。

**分布**：琉球列島
**大きさ**：傘径5㎜程度
**毒**：有毒　無毒

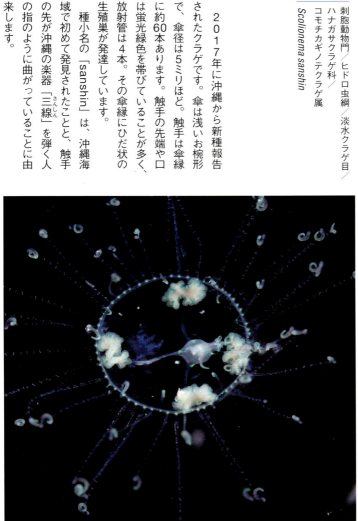

ときめきギャラリー❶ プラヌラを放出するミズクラゲ

春の海をのんびり漂う

# カンパナウリクラゲ

有櫛動物門／無触手綱／ウリクラゲ目／ウリクラゲ科／ウリクラゲ属

*Beroe campana*

体長150ミリほどの、やや大型のウリクラゲ（P.85）の仲間。平たくぽってりとした形状で、幅広い口を持っています。反口側はゆるやかにすぼまり、末端に指状突起が突出。櫛板《しつばん》は一列に最大177個ほど並んでいて、子午管《しごかん》から発出する枝管は細かく途中で枝分かれしていますが、ほとんどは連結していません。

春に南日本各地の表層に現れます。浮いて漂っていることが多く、積極的に泳いでいる感じはありません。

体はやや半透明で、特徴となるような色素は特に見られない。

**分布**：南日本
**大きさ**：体長150㎜程度
**毒**：有毒 無毒

透明の箱の中身はなあに？

# カワリハコクラゲモドキ

刺胞動物門／ヒドロ虫綱／管クラゲ目／ハコクラゲ科／カワリハコクラゲモドキ属
*Enneagonum hyalinum*

管クラゲ目の鐘泳亜目に属するクラゲのうち、箱型の泳鐘《えいしょう》を持つグループの一種です。写真の個体は、「ユードキシッド」と呼ばれる有性生殖世代の姿です。

立方体の体はほぼ透明に見えますが、わずかに緑がかっており、ところどころに黄褐色の色素斑が散在しています。泳鐘は体の向きを変える程度に作用していて、強力な泳力が備わっている感じではないように見えます。

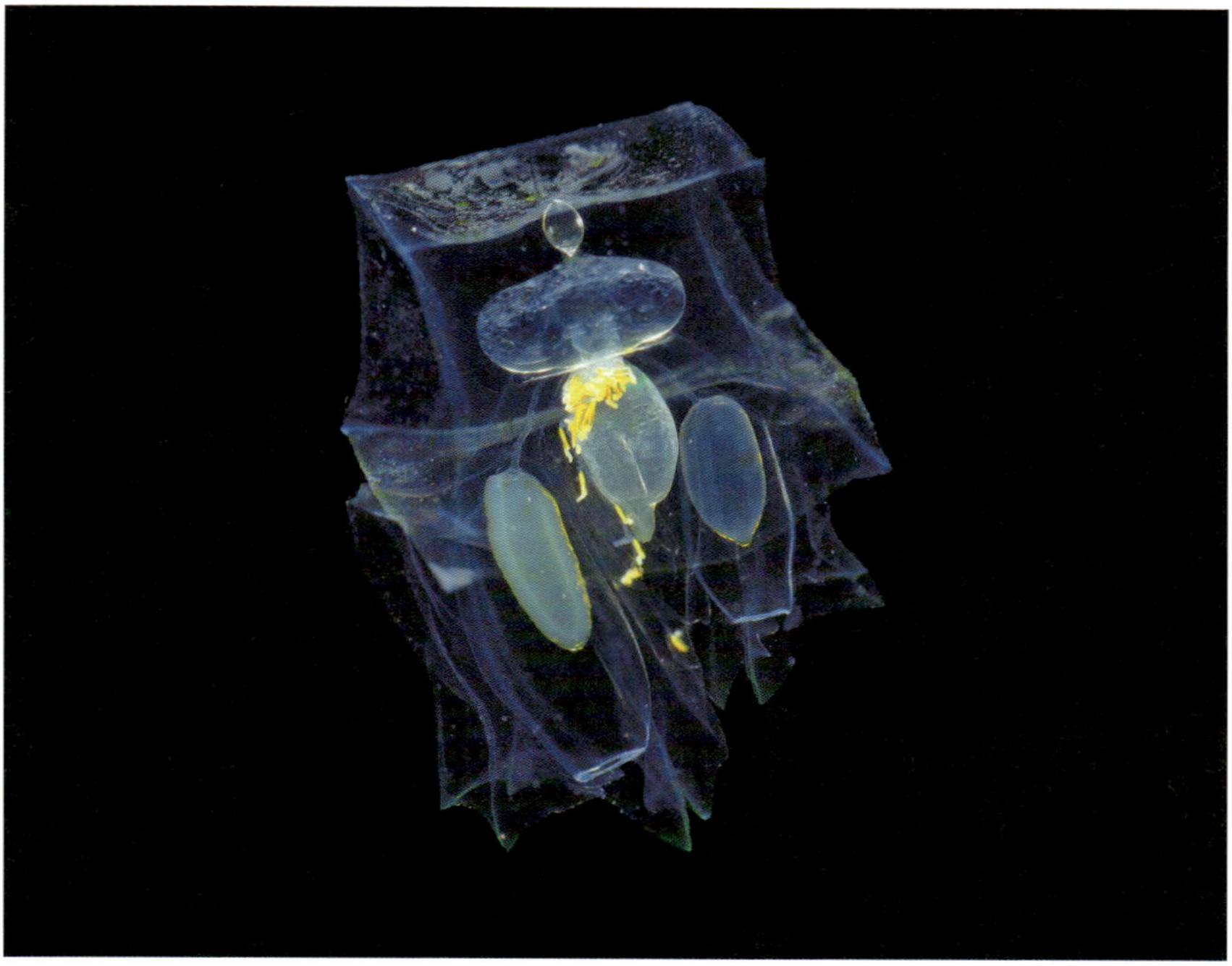

カワリハコクラゲモドキのユードキシッド。15㎜ほどの大きさ。

**分布：**北極海、南極海、紅海を除く世界中
**大きさ：**横幅15㎜程度
**毒：**有毒　無毒

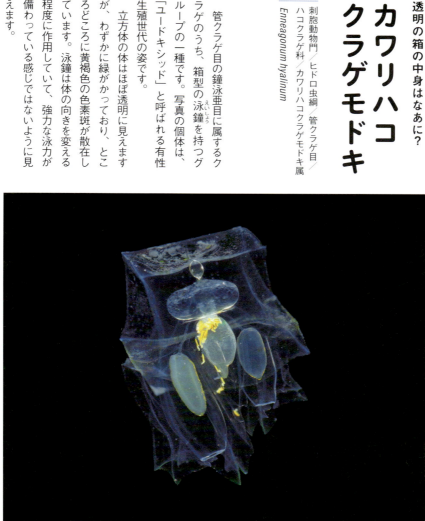

赤いラインで食べたものを隠す

# サビキウリクラゲ

有櫛動物門／無触手綱／ウリクラゲ目／ウリクラゲ科／ウリクラゲ属

*Beroe mitrata*

体はブヨブヨとしていてやわらかく、色は半透明。咽頭と体の中心部が、オレンジ色から鮮やかな赤色を帯びています。体の内部の大半を、この咽頭が占めています。

子午管《しごかん》から現れる枝管は途中で枝分かれしながらほとんどが口側へと向かうのが本種の特徴です。表層性で、北海道から沖縄まで幅広く分布しています。世界では極域からの報告はないものの、温・熱帯域に広く分布していると思われます。

クシクラゲ類をエサとする。この個体はツノクラゲの一種を丸呑みにしているようだ。

**分布**：日本全域／地中海、南アフリカ、カリブ海など
**大きさ**：体長50㎜程度
毒：有毒 無毒

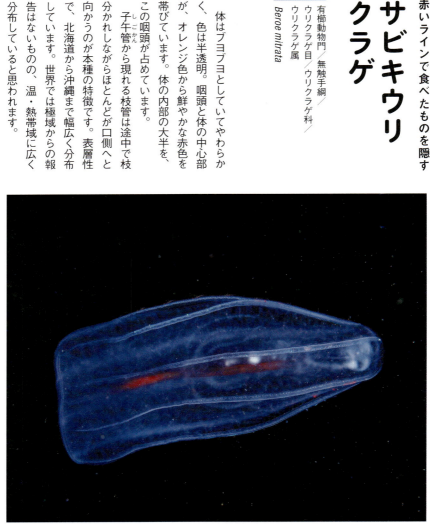

## 風船形で泳ぎも上手

# フウセンクラゲ

有櫛動物門／有触手綱／フウセンクラゲ目／テマリクラゲ科／フウセンクラゲ属
*Hormiphora palmata*

体長の2／3〜4／5ほどを占める8本の櫛板列（しつばんれつ）をもち、この櫛板で活発に泳ぐ。

体は涙のしずくのような形をしていて口側ほど細く、反口側ほど丸みを帯びます。白色から黄色がかった2本の触手を持ち、それぞれに糸状の側枝《そくし》が備わっています。

この触手は粘着質で、刺胞動物群のクラゲのような刺胞は備わっていません。フウセンクラゲは、泳ぎながらこの触手を海中に長く伸ばしてトラップとし、甲殻類の幼生やオキアミなどを絡めとって丸呑みにします。

**分布**：沖縄を除く日本各地／東部太平洋
**大きさ**：体長50㎜程度
**毒**：有毒　無毒

多気筒エンジンのようなフォルム

# バテイクラゲ

刺胞動物門／ヒドロ虫綱／
管クラゲ目／
バテイクラゲ科／バテイクラゲ属
*Hippopodius hippopus*

和名はそれぞれの泳鐘《えいしょう》を前面から見ると蹄鉄形《ていてつがた》をしていることから「馬蹄《ばてい》」を意味します。ゼラチン質は硬くコリコリとした弾力性があり、発光することが知られています。

泳鐘は2列に交互に並び、最大16個までであることが知られています。触手を伸ばしていないときは、幹群は泳鐘に潜り込む形で収まっていますが、獲物を捕らえるときには、下方から触手を八方に伸ばして、網を張るように待ち構えています。

体長が45㎜ほどの個体。驚くと一時的に乳白色になることがある。

**分布：**北極海、南極海、紅海を除く世界中
**大きさ：**体長45㎜程度
**毒：**有毒 無毒

変幻自在に姿を変える

# ヘンゲクラゲ

有櫛動物門／有触手綱／フウセンクラゲ目／ヘンゲクラゲ科／ヘンゲクラゲ属
*Lampea pancerina*

和名は、口を大きく広げて、体形をかなり「変化」させながら獲物を捕る姿に由来しています。体長70ミリほどになり、体形は長卵形。幼体は、サルパの被嚢《ひのう》などに平たく張り付いており、そこから栄養を奪いながら育ちます。

触手が出る触手鞘《しょくしゅしょう》は、体のほぼ中央付近から真横に開口しています。触手の側枝は触手とほぼ同じ太さで、まばらに並んでいます。

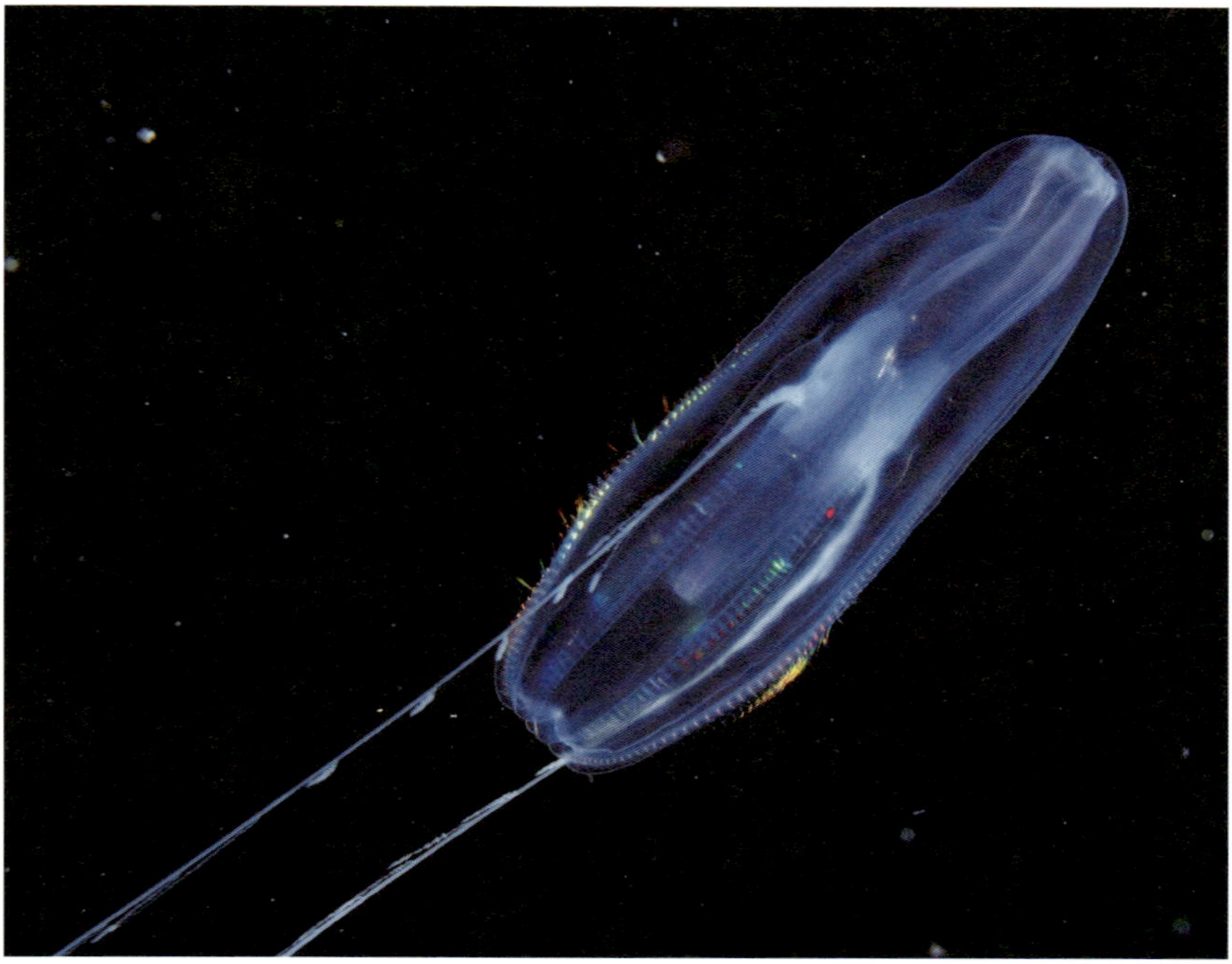

サルパ類を好んで捕食する。

**分布：**日本各地／東部太平洋、西部大西洋
**大きさ：**体長70㎜程度
**毒：**有毒 無毒

駿河湾で新発見!?

# ペガンサ属の一種

刺胞動物門／ヒドロ虫綱／剛クラゲ目／ニチリンクラゲ科／ペガンサ属

*Pegantha sp.*

傘は丸みのあるお椀形で、無色透明、傘径は50ミリほどです。一次触手が外傘から27本ほど伸びています。各触手間の傘縁から、外傘刺胞列が傘の頂上を目指して4本ずつ伸びています。

これまで、筆者によって駿河湾から数個体が採集されているのみで、本種は未記載種の可能性があります。おそらく深海棲の種類だと思われますが、詳しいことは明らかになっていません。

丸みのあるお椀形のクラゲ。

**分布**：駿河湾
**大きさ**：傘径50㎜程度
**毒**：有毒　無毒

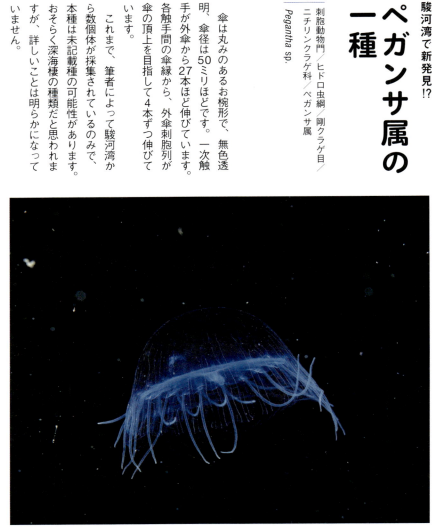

column

## クラゲの不思議 1

# どうして光るの?

クラゲには、自ら発光するクラゲと、光っているように見えるクラゲがいます。

水族館の水槽で、キラキラと七色に輝くクラゲに思わず魅了された方もいるのではないでしょうか。このように見えるのはクシクラゲ類です。クシクラゲ類には櫛板《しつばん》と呼ばれる小さな板が並んだ推進構造があり、これがドミノ倒しのように倒れるときに、光が反射して光って見えるのです。この仲間ではよく展示されることのあるカブトクラゲやウリクラゲが有名です。

一方、自ら発光するクラゲとして知られている一つにオワンクラゲがいます。傘縁などに発光細胞があり、この中の発光タンパク質とカルシウムイオンの反応などによって青白く発光します。また、オワンクラゲは紫外線に対して光る蛍光タンパク質も持っています。その他、ヒドロクラゲ類ではカラカサクラゲやヒメツリガネクラゲなどが、鉢虫類では、ユウレイクラゲやオキクラゲなどが発光するクラゲとして知られています。

ただし、「なんのために光るのか?」という問いに対して明確な答えは明らかにされていません。発光することで、相手に警戒心を示したり、仲間同士の居場所を確認しあっているのかもしれません。発光の意味が解明されるまで、ただただその美しい光を眺めていたいものです。

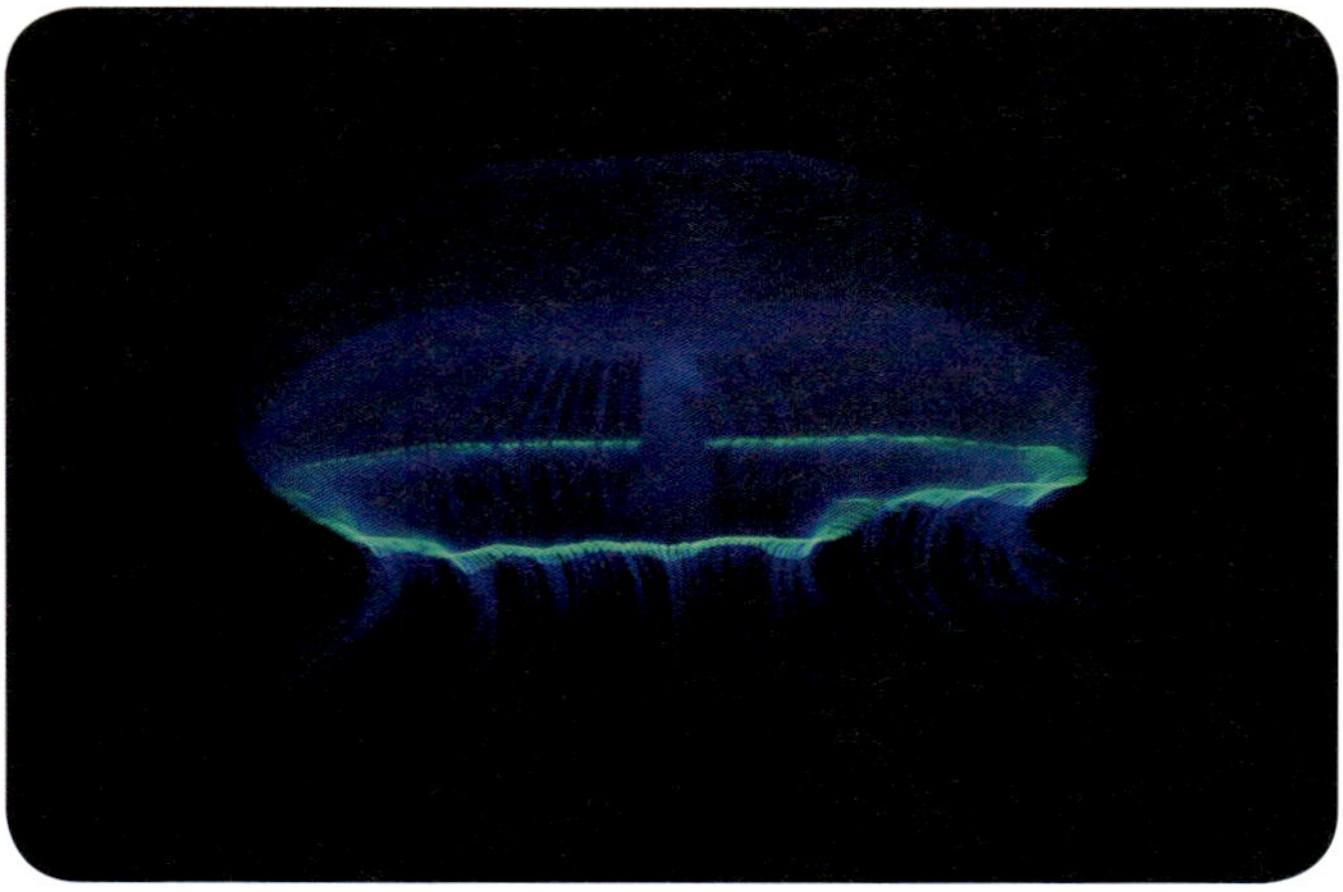

発光するオワンクラゲ

撮影協力:鶴岡市立加茂水族館
©osawa yushi/Nature Production/amanaimages

秋と冬にゆらめく風鈴

# フウリンクラゲ

刺胞動物門／ヒドロ虫綱／管クラゲ目／フウリンクラゲ科／フウリンクラゲ属
*Sphaeronectes koellikeri*

1個の半球形の泳鐘《えいしょう》から幹が伸びていて、その姿が「風鈴」に似ていることが和名の由来となっています。泳鐘部の大きさは8ミリほど。傘は無色透明で、触手部分だけがわずかに淡黄色を帯びています。

風鈴といえば夏の風物詩ですが、フウリンクラゲが現れるのは、もっぱら秋から冬です。水中で回転しながら泳ぎ、獲物を捕らえるトラップのように触手を放射状に広げていく様子が見られます。

水中ではよく見ないと気づきにくいクラゲのひとつ。

**分布**：極域を除く世界中
**大きさ**：泳鐘の高さ8㎜程度
**毒**：有毒 無毒

海中に光を灯す小さな灯篭

# トウロウクラゲ

刺胞動物門／ヒドロ虫綱／管クラゲ目／ハコクラゲ科／トウロウクラゲ属
*Bassia bassensis*

どっしりとした下泳鐘《かえいしょう》の上に、その1／3ほどの大きさの上泳鐘《じょうえいしょう》が連なります。このように上下2段に積み重なった姿が、日本の伝統的な照明器具の一つ「灯籠」を連想させることが和名の由来です。

また、泳鐘の縁がすべて白く縁取られていることも特徴のひとつです。単に、潮に流されている様子で、自らが泳いでいるイメージはほとんどありません。国内では南日本を中心に、通年見られます。

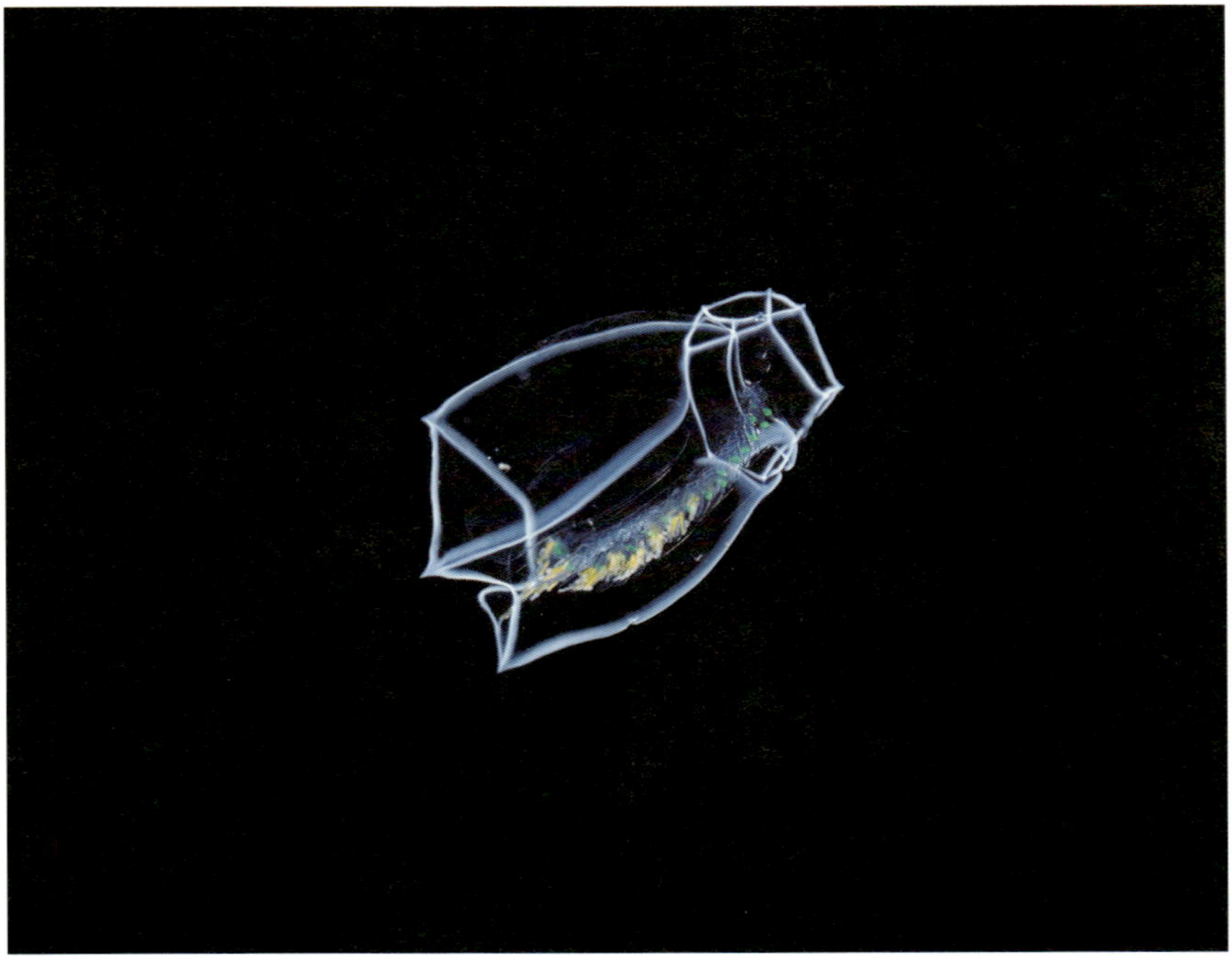

積極的に泳いでいるイメージはなく、動くのは向きを変える程度。

**分布**：南日本／北極海、南極海を除く世界中
**大きさ**：泳鐘の長さ9㎜程度
**毒**：有毒　無毒

### 桜色に染まった鼓

# ツヅミクラゲ

刺胞動物門／ヒドロ虫綱／剛クラゲ目／ツヅミクラゲ科／ツヅミクラゲ属
*Aegina pentanema*

日本の伝統的な楽器の「鼓《つづみ》」とは形がかけ離れているので、この名は太鼓全般の「鼓」を表していると考えるのが無難でしょう。

傘の上面のゼラチン質は特に厚みがあり、触手は普通5本ありますが(稀に6本)。内傘はピンク色を帯びていることが多いですが、これはシダレザクラクラゲを捕食した際に吸収した色素だと思われます。特に水面直下にいることが多く、波にもまれている姿をよく目にします。

水面に浮かぶピンク色の美しいクラゲ。周りには、無数のニチリンクラゲが。

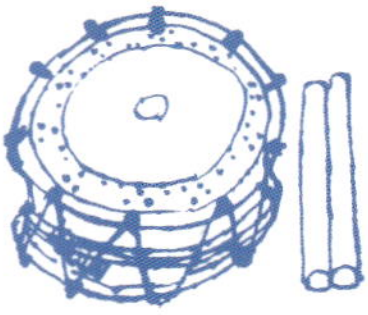

**分布：**日本各地／北太平洋西側
**大きさ：**傘径50㎜程度
**毒：**有毒 無毒

矢印の方向に進むのかな?

# ヤジルシシカクハコクラゲ

刺胞動物門/ヒドロ虫綱/管クラゲ目/ハコクラゲ科/シカクハコクラゲ属
*Ceratocymba sagittata*

細長い体の全体が「矢印」のようであることが和名の由来です。ラテン語の種小名「sagittata」も、やはり矢印を意味しています。

特に、長さ40ミリほどの上泳鐘《じょうえいしょう》の先は鋭く尖っていて、物理的刺激を受けると乳白色がより濃くなります。下泳鐘《かえいしょう》は50ミリほどまで。左側面にのこぎり状の歯が並んでいます。国内では発見例はそれほど多くないことから、主に外洋域の表層にいる種類だと思われます。

駿河湾では冬期にときどき見かける。

**分布**：駿河湾/世界中の温帯・亜熱帯、外洋性
**大きさ**：全長70㎜程度
**毒**：有毒 無毒

海を渡ってきた雨傘

# カラカサクラゲ

刺胞動物門／ヒドロ虫綱／硬クラゲ目／オオカラカサクラゲ科／カラカサクラゲ属
*Liriope tetraphylla*

外見が、唐から伝来した雨傘の「唐傘《からかさ》」に似ていることが和名の由来となっています。

傘は厚みのあるお椀形で、4本の長い触手と、その間に傘縁から上向きに生える短い4本の触手があります。口柄《こうへい》が長く、傘の中央から傘高の2倍以上も長く垂れ下がります。

特に稚魚やオキアミ類を捕らえていることが多く、触手の刺胞に麻痺して絡めとられた稚魚をその長い口で飲み込んでいる姿をよく目にします。

傘から出た長い口が特徴。下の白い部分は捕らえた獲物が収まっている。

**分布**：本州中部以南／インド洋〜太平洋、大西洋、地中海の温帯・熱帯域
**大きさ**：傘径30㎜程度
**毒**：有毒　無毒

水中を蝶のようにはばたく

# チョウクラゲ

有櫛動物門／有触手綱／カブトクラゲ目／チョウクラゲ科／チョウクラゲ属

*Ocyropsis fusca*

袖状突起の筋肉質はよく発達していて、危険を感じると、まさに「蝶」がはばたくように跳躍しながら泳ぎます。このような種類は深海に生息するチョウクラゲモドキと本種以外にいないので、容易に区別できます。

触手器官を持っておらず、袖状突起で捕らえた餌生物は体の中心部に突出した口で直接食べます。主にカイアシ類などの小型の甲殻類を捕食しているようです。日本各地の表層に分布します。

写真の個体は、ヨコエビ類を捕えて食べている様子がうかがえる。

**分布**：日本近海
**大きさ**：100㎜程度
**毒**：有毒 無毒

バランスをとるのが上手！

# ヤジロベエクラゲ

刺胞動物門／ヒドロ虫綱／剛クラゲ目／ツヅミクラゲ科／ヤジロベエクラゲ属
*Solmundella bitentaculata*

傘の上に突き出た2本の長い糸状の触手を使ってバランスをとるように泳ぐ姿はまさに「やじろべえ」を連想させます。

傘の頂上部のゼラチン質はよく発達していますが、傘の泳嚢部《えいのうぶ》は浅い皿状なので、少しずつしか進めません。ピコピコとした細かい脈動で泳ぎます。傘縁には16個の感覚器が並んでいます。基本的には無色透明ですが、傘や触手の一部が蛍光色を発している場合があります。

2本の長い触手は、エサの動く振動を探知するアンテナのような役割がある。

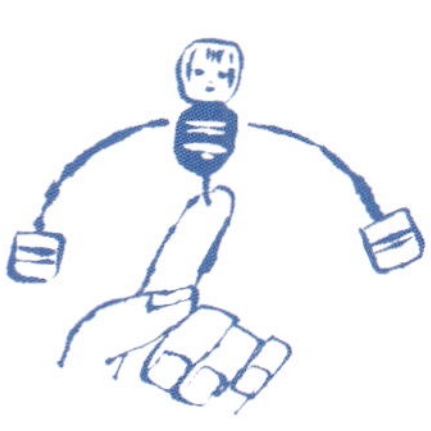

**分布**：日本各地／インド洋〜太平洋、南極海、大西洋、地中海
**大きさ**：傘高15㎜程度
**毒**：有毒　無毒

## 日本の烏帽子が名前の由来

# エボシクラゲ

刺胞動物門／ヒドロ虫綱／花クラゲ目／エボシクラゲ科／エボシクラゲ属

*Leuckartiara octona*

傘の頂上のゼラチン質が突起し、全体の形が日本の伝統的な男性のかぶり物「烏帽子《えぼし》」を連想させることが和名の由来となっています。この突起の大きさは個体によってばらつきがあります。

生殖巣は口柄《こうへい》の副軸部にひだ状に形成されて、淡い黄色であったり、紅色であったりします。近縁種と同じく、小型のヒドロクラゲ類を食べます。放射管は4本で、傘縁触手は最大32本までになります。

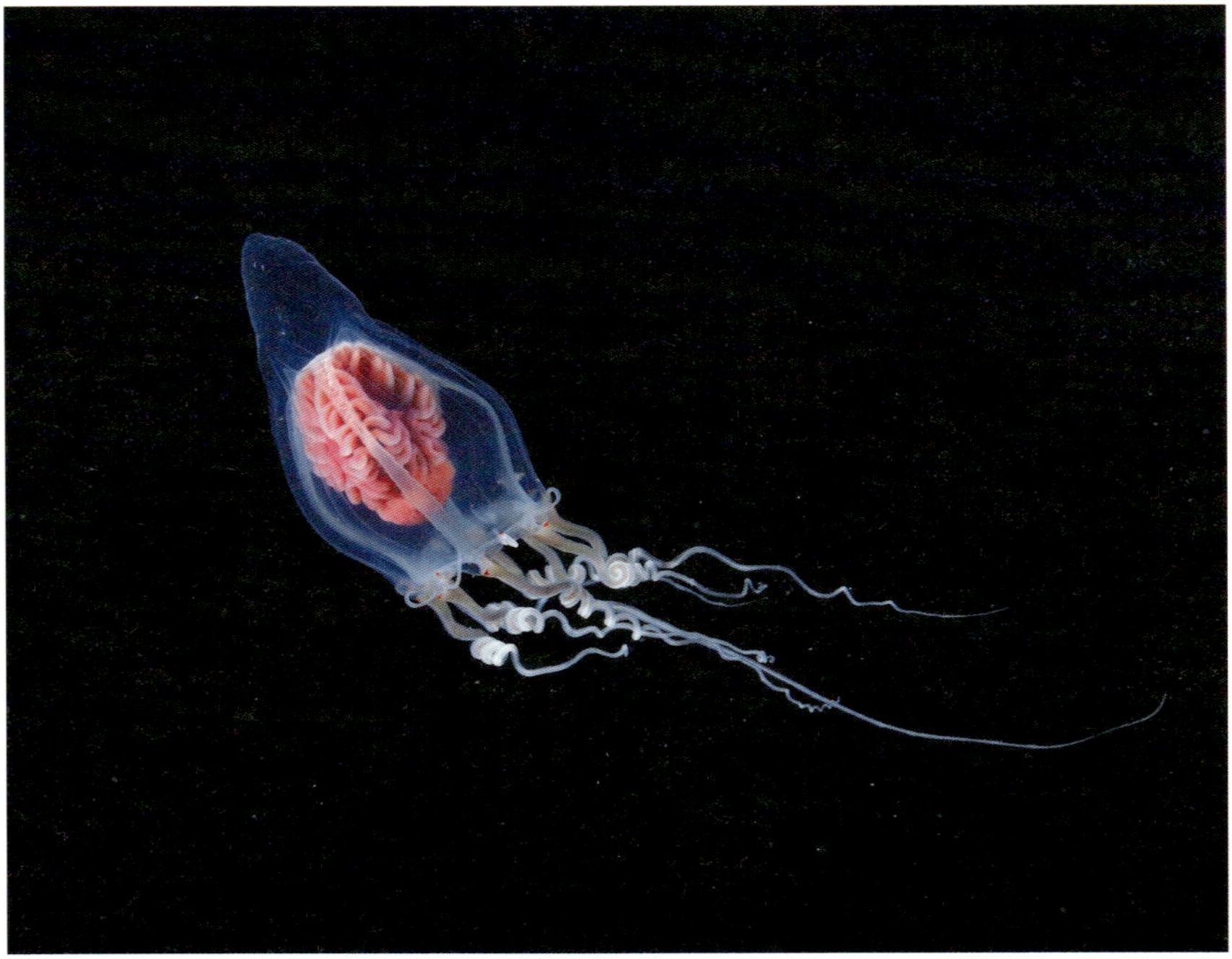

傘全体をポンプのように左右に絞りながら泳ぐ。

**分布**：北海道〜駿河湾の太平洋沿岸、山形県加茂〜若狭湾の日本海沿岸／インド洋〜太平洋､大西洋、地中海
**大きさ**：傘高30㎜程度
**毒**：有毒 無毒

ときめきギャラリー②　オキクラゲに寄りそうアジの子どもたち

美しさの反面、強い毒を持つ

# アマクサクラゲ

刺胞動物門／鉢虫綱／旗口クラゲ目／オキクラゲ科／アマクサクラゲ属
*Sanderia malayensis*

インド・西太平洋の温・熱帯域に分布します。傘幅150ミリほどまでになり、16本の長い触手を持つ、しなやかで美しく、クラゲらしいクラゲです。

触手だけでなく、傘の外側にもたくさんの刺胞瘤《しほうりゅう》があり、これらにふれると強い痛みを感じます。クラゲを食べるクラゲ食で、ミズクラゲなどを好んで食べています。鹿児島湾の水深100メートルに生息するサツマハオリムシの棲管上《せいかんじょう》でポリプが発見されています。

長い口腕（こうわん）や触手がしなやかに水中を漂う姿はとても美しい。

**分布：**房総半島～鹿児島湾、富山湾／スエズ運河、紅海、インド、シンガポール、マレーシアなど
**大きさ：**傘径150㎜程度
**毒：**有毒　無毒
ⓘ 触手や外傘の刺胞瘤にふれると強い痛みを感じる。

## 数珠《じゅず》のように連なった体

# ヨウラククラゲ

刺胞動物門／ヒドロ虫綱／管クラゲ目／ヨウラククラゲ科／ヨウラククラゲ属
*Agalma okeni*

和名の「ヨウラク」は仏教の装飾で使われる珠玉や貴金属を糸で編んだ装身具「瓔珞《ようらく》」に由来しています。

お椀形のクラゲとは姿形がかなり違っていて固い棒状を成しています。これは、それぞれ用途の違うパーツ群が組み合わさりひとつの群体を成しているからで、ヨウラククラゲの場合は体の上方が泳鐘部《えいしょうぶ》と呼ばれ、36個ほどの泳鐘が2列に並んでいます。下方は栄養部と呼ばれ、葉状の保護葉が8列で連なっています。

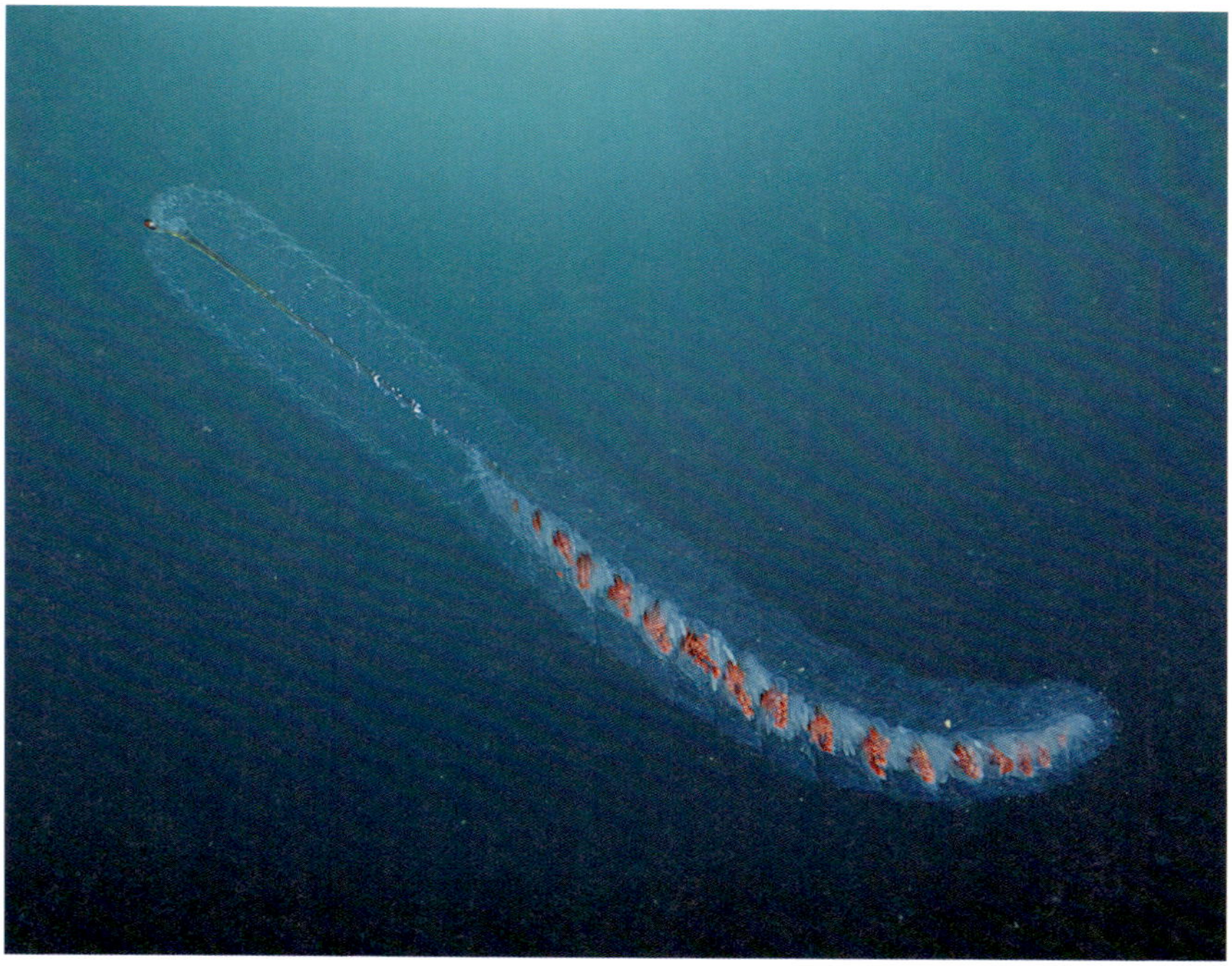

冬から春にかけて南日本各地で見られる。

**分布**：南日本各地／世界中の熱帯・亜熱帯域
**大きさ**：全長200㎜程度
**毒**：有毒　無毒

くねっくねっと泳ぎます

# ホンオオツリアイクラゲ

刺胞動物門／ヒドロ虫綱／花クラゲ目／エボシクラゲ科／ツリアイクラゲ属

*Amphinema turrida*

傘の頂上に烏帽子《えぼし》状《じょう》の突起が発達しています。傘高12ミリくらいの全体がベージュ色の個体を多く見かけますが、傘高20ミリほどまで成長すると、傘は鮮黄色、触手は赤橙色のたいへん派手な容姿になります。

国内の沿岸域では遭遇率が極端に低いことから、外洋棲の種類だと思われます。フィリピン中部にあるロンブロン海峡ではたくさん見ることができます。現在までに確認できている水温耐性は20～29℃です。

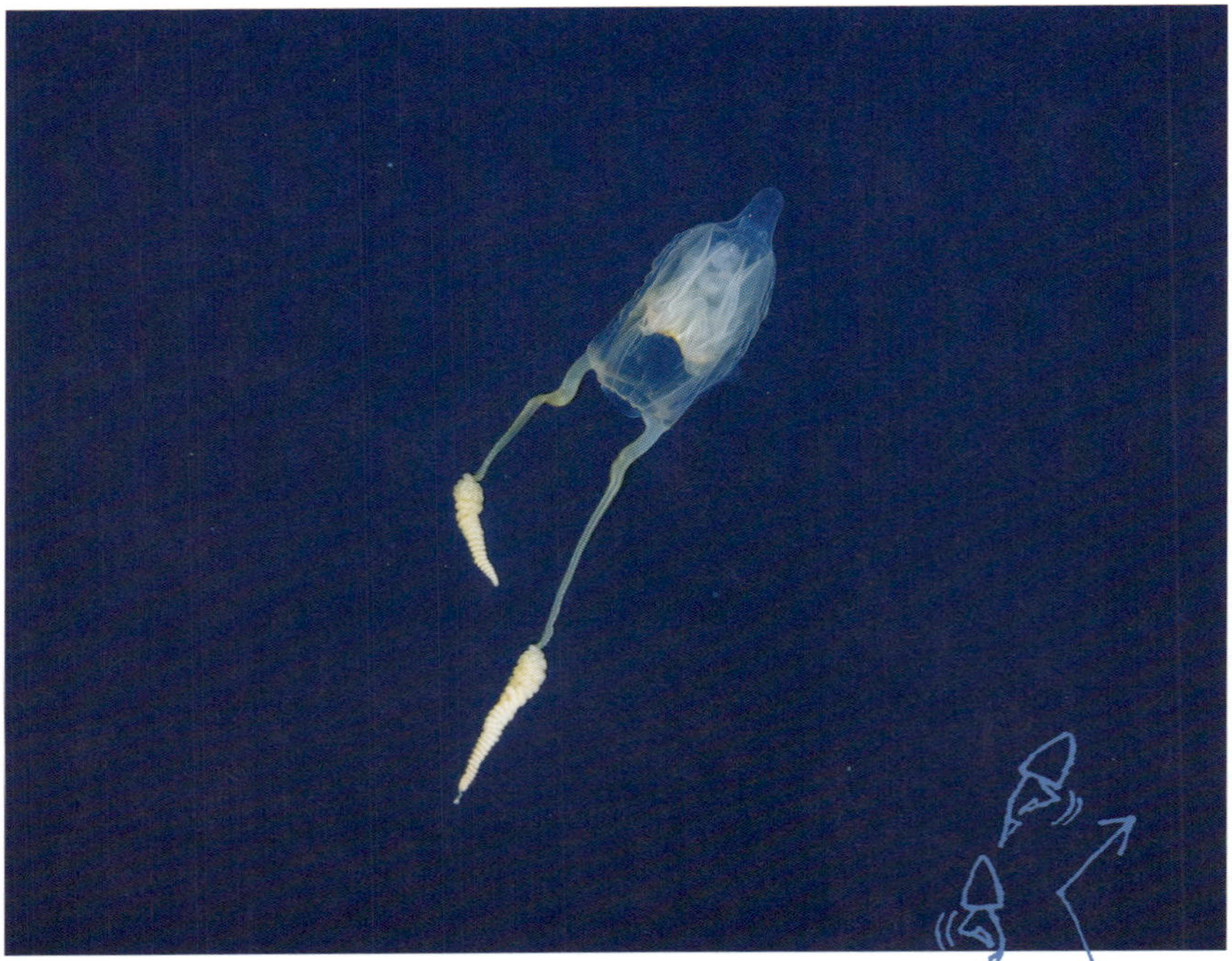

左右に腰を「クネックネッ」とひねるような独特の泳ぎ方をする。

**分布**：静岡県大瀬崎、九州・熊本県天草／インド洋～太平洋、大西洋、北オーストラリア、地中海

**大きさ**：傘高20㎜程度

**毒**：有毒　無毒

## しなやかに泳ぐ
# ナガヨウラククラゲ

刺胞動物門／ヒドロ虫綱／管クラゲ目／ヨウラククラゲ科／ヨウラククラゲ属
*Agalma elegans*

ヨウラククラゲに比べてかなり大きくなり、栄養部はとてもしなやか。

近縁種のヨウラククラゲ（P.51）に比べて、かなり大きくなり、大きいものでは全長2メートルにもなります。泳鐘《えいしょう》は2列合わせて30個ほどまであります。

栄養部はヨウラククラゲのように凝固しておらず、水流に合わせてゆらゆらと曲がるような柔軟さがあります。触手には無数の側枝《そくし》が派生し、その途中にあるらせん状に巻かれて膨らんだ部分（刺胞帯）はオレンジ色を成しています。エビ類や小魚を捕食します。

**分布**：日本各地／世界中の熱帯・亜熱帯域
**大きさ**：全長2m程度
**毒**：有毒　無毒

ノーベル化学賞の立役者！

# オワンクラゲ

刺胞動物門／ヒドロ虫綱／軟クラゲ目／オワンクラゲ科／オワンクラゲ属

*Aequorea coerulescens*

傘は、名前のとおり典型的なお椀形で、傘径は200ミリほどになる大型種です。放射管も触手も100本以上になることがあります。生殖巣は放射管に沿って波板状に発達し、その4／5〜2／3ほどを占めます。

2008年にノーベル化学賞を受賞した下村脩《しもむらおさむ》博士によって、オワンクラゲの持つ緑色蛍光タンパク質が発見され、現在は遺伝子マーカーやカルシウムの微量定量試薬などに活用されています。

放射管に沿って発達した生殖巣が透けて見える。

**分布**：北海道〜九州／インド洋〜太平洋、大西洋

**大きさ**：傘径200㎜程度

**毒**：有毒　無毒

髪の毛がなびくように漂う

# カミクラゲ

刺胞動物門／ヒドロ虫綱／花クラゲ目／キタカミクラゲ科／カミクラゲ属
*Spirocodon saltator*

傘高100ミリほどの大型のヒドロクラゲで、1属1種。傘縁からは無数の触手が髪の毛がなびくように水中に伸びていて、それらは8群に分かれています。

触手瘤《しょくしゅりゅう》の外側には光を感知する役割がある紅色の眼点が1個ずつ備わっています。本州や九州の太平洋沿岸に生息していて、冬から春にかけて波の静かな漁港や湾内に姿を現します。身近なクラゲですが、未だにポリプの存在がわかっておらず、謎多きクラゲのひとつです。

無数の触手をゆらゆら漂わせる、とても美しいクラゲ。

**分布**：本州～九州の太平洋沿岸
**大きさ**：傘高約100㎜程度
**毒**：有毒 無毒

日本で知名度ナンバー1

# ミズクラゲ

刺胞動物門／鉢虫綱／旗口クラゲ目／ミズクラゲ科／ミズクラゲ属

*Aurelia aurita* (Linnaeus,1758) *sensu lato*

日本で最もポピュラーなクラゲといえばミズクラゲではないでしょうか。一年を通して見られるクラゲで、春から夏に、一部の沿岸では大量発生することがあります。北海道から沖縄まで広く分布しており、普通は傘径150ミリほどですが、中には300ミリほどのものまでいます。

最も多く見られるのは、傘は乳白色でしっかりとしたゼラチン質によって適度な厚みがあるものですが、半透明でゼラチン質が薄いものもおり、国内にも複数の隠ぺい種がいる可能性があります。

おそらく誰もが一度は見たことのあるクラゲでは？ 水族館でも必ず展示される種類のひとつ。

**幼クラゲ**
傘径20㎜ほどの若いクラゲ。

**分布**：日本各地
**大きさ**：傘径150㎜程度
**毒**：有毒 無毒

**赤いボーダーでおめかし中**

# アカクラゲ

刺胞動物門／鉢虫綱／旗口クラゲ目／オキクラゲ科／ヤナギクラゲ属

*Chrysaora pacifica*

傘は浅いお椀形で、外傘上に赤褐色の16本の帯状紋が放射状に広がります。フリル状の口腕《こうわん》は非常に長く、数メートルに及ぶことがあります。40本ほどの触手は、長いものでは優に5メートルを超すものも。

刺胞毒が強いため、刺されるととても痛く、水膨れのように皮膚が腫れ上がることがあります。

アジ類の稚魚やハナビラウオ類の幼魚などが触手の間に隠れている様子がよく見られます。

日本に広く分布しており、南日本では春から初夏に大量発生する。

**分布**：北海道〜九州
**大きさ**：傘径200㎜程度
**毒**：有毒　無毒
ⓘ刺されると、とても痛く、皮膚が腫れ上がることもある。

水玉模様のタコ

# タコクラゲ

刺胞動物門／鉢虫綱／根口クラゲ目／タコクラゲ科／タコクラゲ属

*Mastigias papua*

外傘上に円形から楕円形の斑紋が点在し、特に傘縁近くに集中しています。傘の下には上部2／3ほどが癒合《ゆごう》した口腕《こうわん》が続き、そこから傘高の2倍ほどの長さの8本の棒状付属器が垂れ下がります。全体像はタコが泳いでいる姿に似ています。

傘や口腕に褐虫藻が共生しているため体色の大部分は褐色ですが、褐虫藻が抜けると、白色に部分的に青い模様が現れます。この褐虫藻によって、光合成でも栄養を得ています。

夏季に大量に発生。観賞用にも飼いやすいクラゲ。

**分布：** 相模湾以南の太平洋岸、九州〜沖縄／台湾、中国南部、インド、フィリピンなど

**大きさ：** 傘径200㎜程度

**毒：** 有毒　無毒

ときめきギャラリー③
毒の強いアカクラゲ。でも傘の模様はとても美しい

### 手を大きく広げて驚くよ

# バレンクラゲ

刺胞動物門／ヒドロ虫綱／管クラゲ目／バレンクラゲ科／バレンクラゲ属
*Physophora hydrostatica*

栄養部にある感触体は非常に大きくて、全体的には紫色または桃色や橙色などの色彩を帯びていて先端は球状で白色です。

この大きな感触体のある姿が古くからの祭事や、江戸時代の火消しのシンボルとして使用された「纏《まとい》」に装飾される「馬簾《ばれん》」に似ていることが和名の由来となっています。

感触体は物理的刺激を受けると、パッと広げることがあります。

泳鐘部（えいしょうぶ）は透明で頂端に気胞体があり、2列の泳鐘が幹を取り囲んでいる。

**分布**：極域を除く世界中
**大きさ**：群体の大きさ130㎜程度
**毒**：有毒　無毒

青い銀貨の落し物

# ギンカクラゲ

刺胞動物門／ヒドロ虫綱／花クラゲ目／ギンカクラゲ科／ギンカクラゲ属

*Porpita porpita*

青い無数の触手を備えた、水面に浮かぶ「銀貨」。じつは、これはギンカクラゲのポリプです。盤の直径は25ミリほど。普段は外洋を風に流されながら漂流しており、押し寄せられて沿岸に漂着することもあります。

ギンカクラゲのクラゲは、このポリプから遊離したもので、他のクラゲと同じように水中にいて、傘径2ミリほどのお椀形です。放射管に沿って黄色い色素が並び、向かい合わせに2本の触手を持っています。

衝撃的

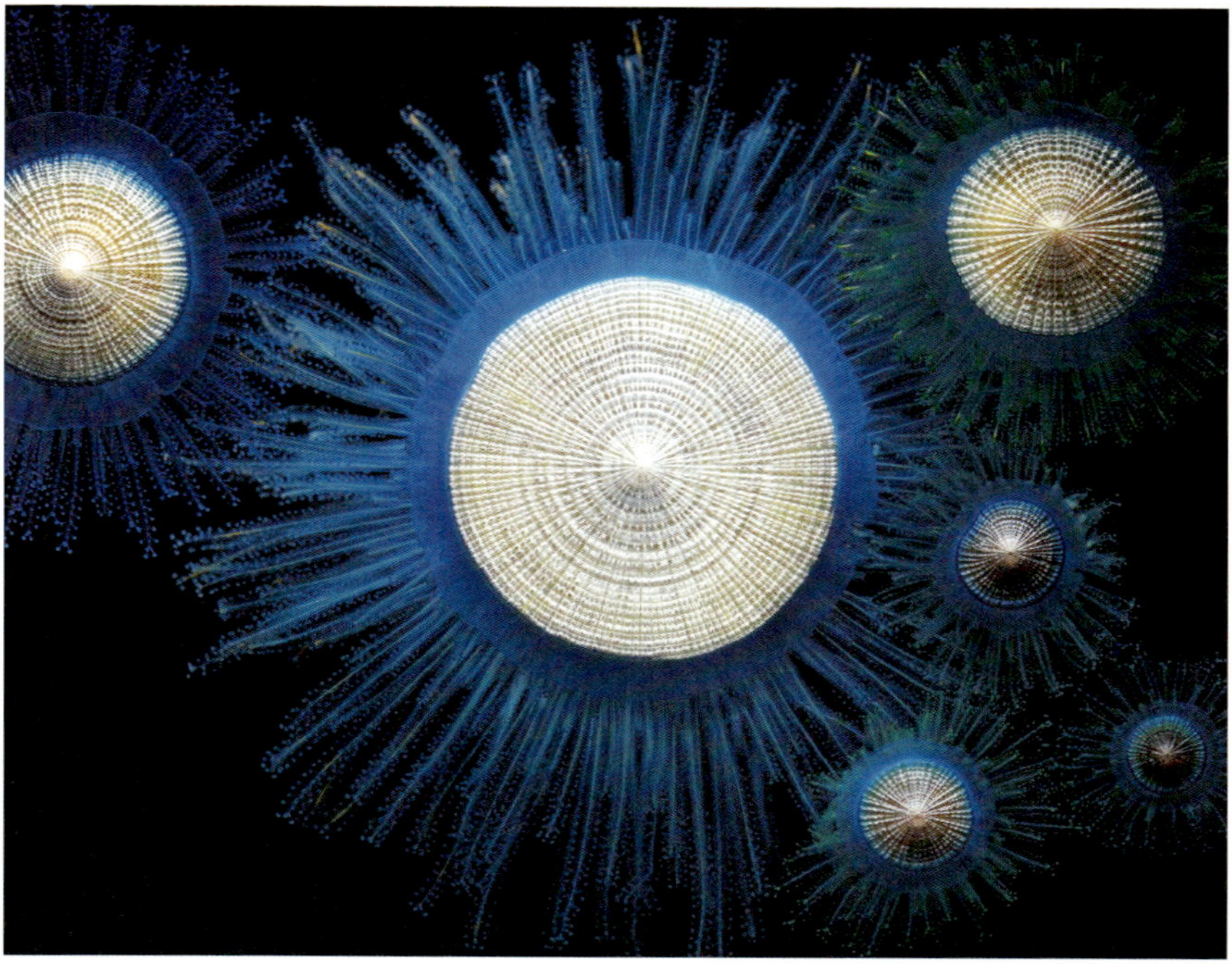

風に運ばれ、波打ち際一面がギンカクラゲで埋め尽くされることもある。

分布：黒潮の影響を受ける太平洋沿岸や対馬暖流の影響を受ける日本海／世界中の温・熱帯域

大きさ：ポリプの直径25㎜程度

毒：有毒 無毒

海中を漂うギンカクラゲのクラゲ。

頂点のイボがポイント

# イボクラゲ

刺胞動物門／鉢虫綱／根口クラゲ目／イボクラゲ科／イボクラゲ属

*Cephea cephea*

傘径300ミリほどと大型のクラゲです。傘は円盤形で、普通は赤紫色から藤色をしています。このような美しい色のクラゲは珍しい存在です。外傘の頂上の中央部分が盛り上がり、さらに不規則な方向に広がる円錐状の突起があります。この突起の役割は不明です。

傘の下に口腕《こうわん》があり、そこに100本以上の細長い付属器が備わっています。南日本の太平洋岸に多く、駿河湾では秋に大型個体をよく見かけます。

触手の周りにはたくさんのアジ類の稚魚などを伴っていることがある。

**分布**：相模湾以南の太平洋岸、日本海南部／インド洋および太平洋の熱帯・亜熱帯域

**大きさ**：傘径300㎜程度

**毒**：有毒　無毒

ヨットのように漂う

# カツオノエボシ

刺胞動物門／ヒドロ虫綱／管クラゲ目／カツオノエボシ科／カツオノエボシ属
*Physalia physalis*

100㎜ほどの気胞体に、50mにもなる触手を海面下に伸ばす。

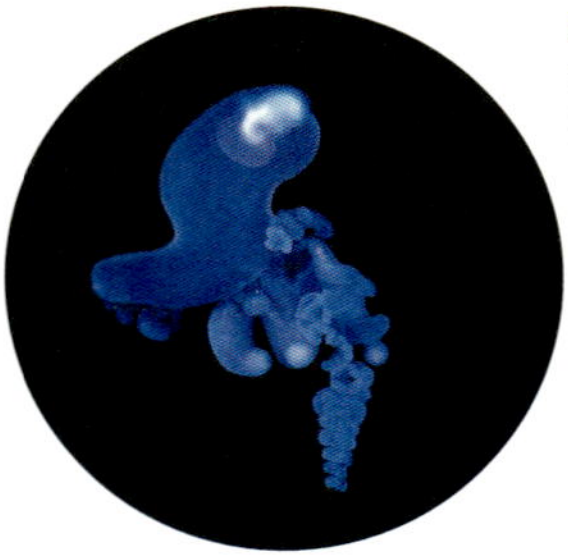

**幼クラゲ**
水中を漂う10㎜ほどの幼クラゲ

水面上にある気胞体がヨットの帆のように作用し、風に流されながら大海原を漂います。気胞体の中に詰まった一酸化炭素量を調整することで一時的に海中に沈むこともできます。カツオの採れる時期に沿岸に現れ、浮き袋が烏帽子《えぼし》に似ていることが和名の由来。

本州沿岸では南風の吹き始める春先ごろから海岸に漂着し、毒性が非常に強いため、サーファーがその刺傷被害に遭います。

**分布**：黒潮や対馬暖流の影響を受ける日本各地／熱帯・亜熱帯域の外洋
**大きさ**：気胞体の大きさ100㎜程度
**毒**：有毒　無毒
① 刺されると命に関わることもある。

よく目立つ、ド派手なピンク色

# ボウズニラ

刺胞動物門／ヒドロ虫綱／管クラゲ目／ボウズニラ科／ボウズニラ属

*Rhizophysa eysenhardti*

卵形の気胞体は長さ18ミリにも達します。気胞体から直接幹部が垂れ下がり、そこに栄養体と淡紅色の触手が付属します。

泳鐘《えいしょう》を持っていないので、この気胞の中の一酸化炭素の量を調整して浮き沈みしたり、幹を伸縮させる反動を利用して上下に移動するのみで、ほとんどは潮によって運ばれるしかありません。そのためエサを獲るときは、なるべく幹を伸ばすことでトラップを仕掛けています。

捕らえた餌生物（稚魚）が栄養体に詰まっている。

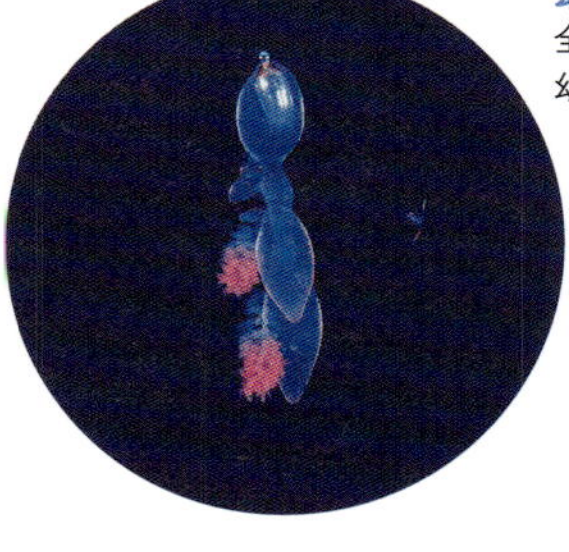

**幼クラゲ**
全長8㎜ほどの幼クラゲ。

**分布**：日本各地／世界中の熱・亜熱帯
**大きさ**：気胞体の長さ18㎜程度、全長300㎜程度
**毒**：有毒　無毒

丸い頭が名前の由来

# ネギボウズクラゲ

刺胞動物門／ヒドロ虫綱／管クラゲ目／ツクシクラゲ科／ツクシクラゲ属
*Forskalia tholoides*

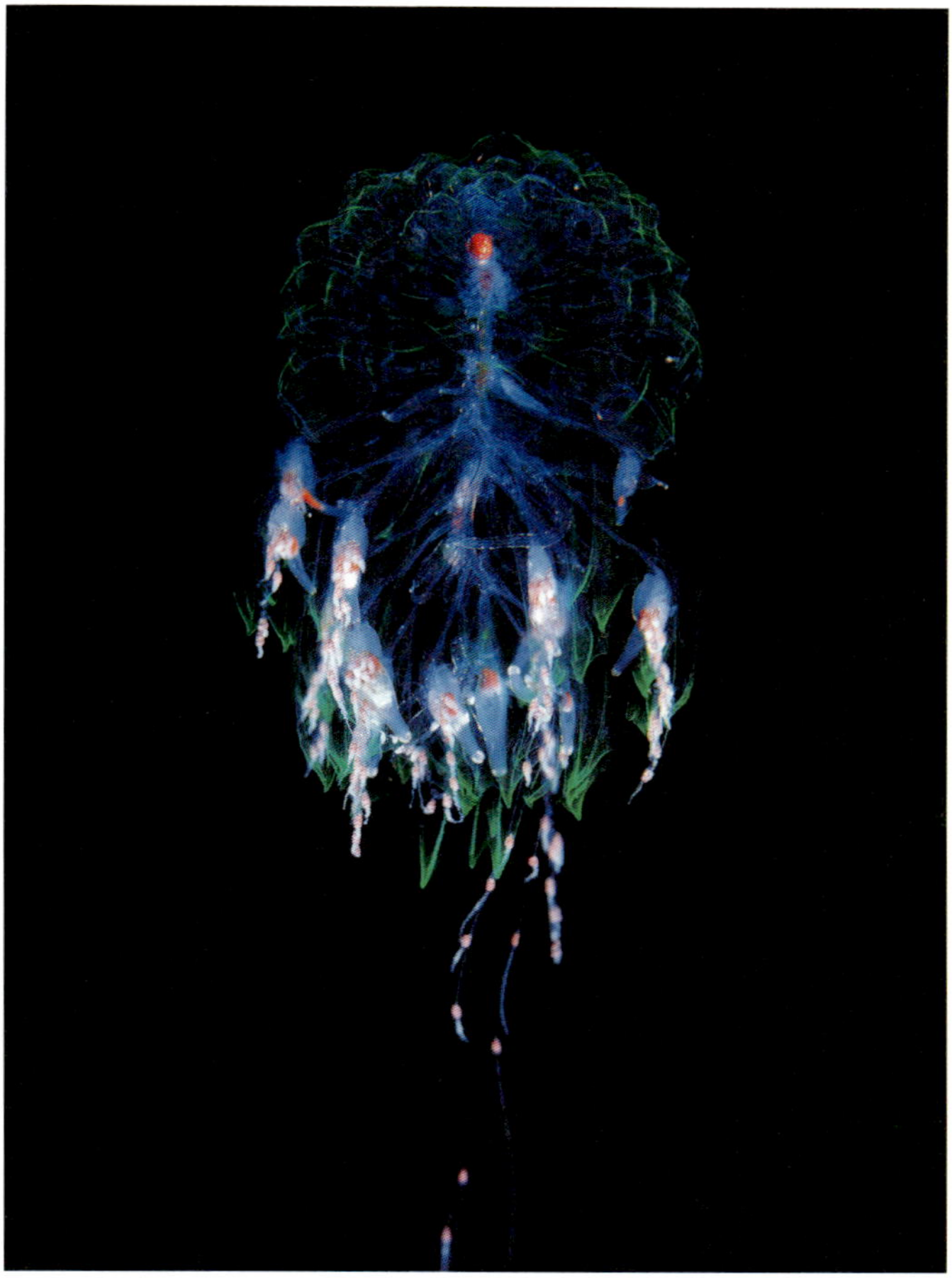

群体の長さが50㎜ほどの若い個体。泳鐘や保護葉が緑色に光って見える。

群体の大きさは170ミリほどまで。泳鐘部《えいしょうぶ》と栄養部の太さはほぼ同じで、栄養部は泳鐘部の1～8倍ほどになります。泳鐘部全体の形は球形で、気胞体が赤色をしており、泳鐘部からわずかに顔を出す位置にあります。

和名はこの泳鐘部の形がネギの球状の花「ネギボウズ」に似ていることが由来です。相模湾以南の南日本に広く分布していて個体数も少なくありません。刺されると非常に痛いクラゲなので注意が必要です。

**分布**：相模湾以南の南日本／極域を除く世界中
**大きさ**：170㎜程度
**毒**：有毒　無毒
! 刺されると非常に痛い。

着物の帯の落とし物？

# オビクラゲ

有櫛動物門／有触手綱／オビクラゲ目／オビクラゲ科／オビクラゲ属
*Cestum veneris*

体は扁平した「帯」のような形で、無色透明ですが、成長すると両端が褐色を帯びます。

左右に伸びるように浮いていますが、櫛板《しつばん》を使って縦方向にスライドするように泳ぐこともできます。また、危険を感じると、蛇のように波打ちながら横方向に逃げます。

物理的刺激を受けると、体表に青みがかったメタリック状の雲門模様が現れます。

英名は「Venus's girdle」です。

危険を感じて、蛇のように波打ちながら逃げている。

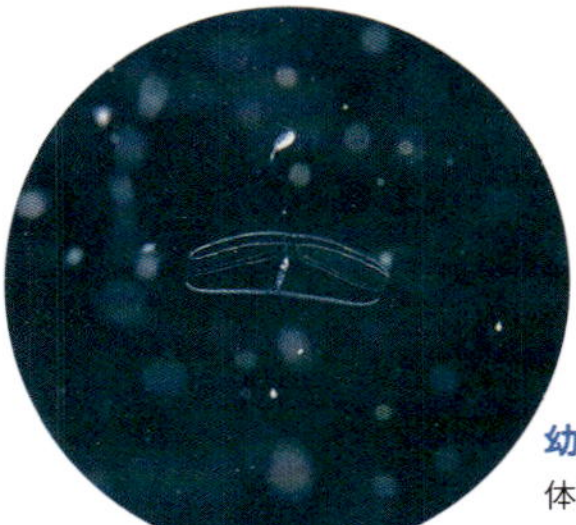

**幼クラゲ**
体長20㎜程度

**分布**：世界中の海
**大きさ**：1.5m程度
**毒**：有毒 無毒

透明な傘で海中散歩

# オオカラカサクラゲ

刺胞動物門／ヒドロ虫綱／硬クラゲ目／オオカラカサクラゲ科／オオカラカサクラゲ属
*Geryonia proboscidalis*

外洋棲のクラゲです。傘径は50ミリほどまで。6本の長い触手と、その間に短い6本の触手が傘に沿って上向きに伸びています。オオカラカサクラゲはカラカサクラゲ（P.44）と同じく、水中よりも水面を漂っていることがほとんど。

傘の中央にはゼラチン質の長い柄が伸びていて、その下に口柄《こうへい》があり、口は傘口から外へ突き出ています。主に小型魚類やヤムシなどを捕食しています。

カラカサクラゲに似ているが、長い触手が6本ある点で区別できる。

**分布**：南日本／インド洋〜太平洋、大西洋、地中海
**大きさ**：傘径50㎜程度
**毒**：有毒　無毒

瞬間移動が得意です

## イチメガサクラゲ

刺胞動物門／ヒドロ虫綱／硬クラゲ目／イチメガサクラゲ科／イチメガサクラゲ属

*Rhopalonema velatum*

傘径10ミリ程。傘の筋肉質はよく発達していて、危険を感じると一瞬で飛んでいくほどの瞬発力があります。

触手は長い8本と短い8本の2種類を持ちますが、短い方はよく見ないとその存在に気づきません。

**分布**：本州中部以南／インド洋〜太平洋、南極海、大西洋、地中海
**大きさ**：傘径10㎜程度
**毒**：有毒　無毒

口と生殖腺、触手の先端以外はすべて透明。

ヨードチンキを分泌!?

## アカダマクラゲ

有櫛動物門／有触手綱／カブトクラゲ目／アカダマクラゲ科／アカダマクラゲ属

*Eurhamphaea vexilligera*

年間を通して南日本各地の表層で見られます。反口端に2本の長い触手状の突出があります。

櫛板《しつばん》の間に鮮紅色の小腺があり、物理的刺激を受けるとここからヨードチンキのような分泌液を噴出します。

**分布**：南日本／地中海を含む世界中の温・熱帯海域
**大きさ**：体長60㎜程度
**毒**：有毒　無毒

櫛板の間にある赤い小腺が目立つ。

勇ましい兜のよう

# カブトクラゲ

有櫛動物門／有触手綱／カブトクラゲ目／カブトクラゲ科／カブトクラゲ属

*Bolinopsis mikado*

**分布**：日本近海
**大きさ**：全長150㎜程度
**毒**：有毒 無毒

日本の沿岸に分布する普通種です。袖状突起を左右に広げた姿が「兜《かぶと》」に似ることが和名の由来。

捕食するときは、袖状突起の表面にある粘着質でカイアシ類などを捕え、口周辺に配置された二次触手で口に運びます。

本州沿岸では夏から秋に多く現れる。

やわらかく、ふわふわ漂う

# キヨヒメクラゲ

有櫛動物門／有触手綱／アカダマクラゲ科／カブトクラゲ目／キヨヒメクラゲ属

*Kiyohimea aurita*

**分布**：南日本の沿岸、北九州
**大きさ**：体長180㎜程度
**毒**：有毒 無毒

無色透明の扁平な体で、反口端に二等辺三角状の突起を持ちます。

体のゼラチン質は、少しの水流でも崩れるほどやわらかく、潮の流れに身を任せながらふわふわ漂い、櫛板《しつばん》で泳いでいる感じはありません。

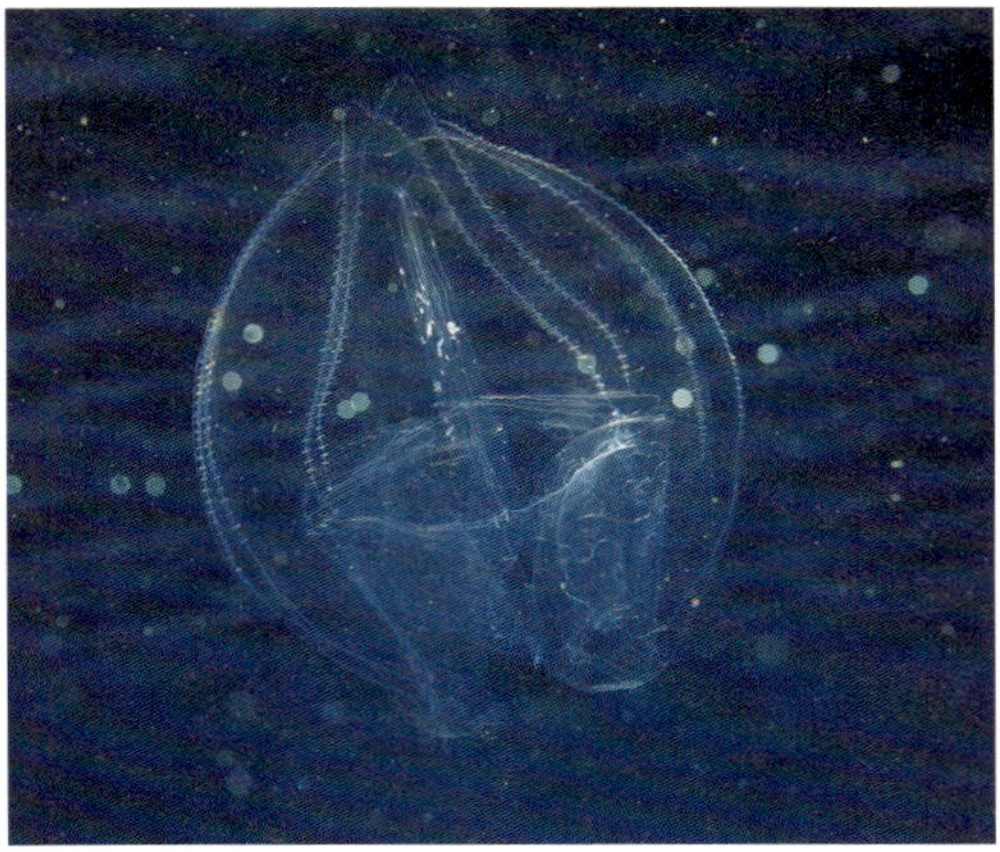

主にカイアシ類を捕えて食べている。

海だけじゃない！　淡水クラゲ

# マミズクラゲ

刺胞動物門／ヒドロ虫綱／淡水クラゲ目／ハナガサクラゲ科／マミズクラゲ属
*Craspedacusta sowerbii*

和名の通り、淡水に生息するクラゲです。夏季に全国の溜め池やダム湖などに突如姿を現しますが、毎年同じように出るわけではなく、まさに神出鬼没のクラゲです。

クラゲの発生源となるポリプは、池や湖の水底に溜まった落ち葉や枯れ枝、小石などに付着し、通年存在していると思われます。傘径22ミリほど。最近ではポリプを自宅で育てて、クラゲを飼育することも可能になりました。

傘縁の触手は最大700本に達し、触手を常に傘の上方に向けて泳ぐ。

**分布**：日本各地／世界中の温帯・熱帯域
**大きさ**：傘径22㎜程度
**毒**：有毒　無毒

飾りをほどこしたお椀

# カザリオワンクラゲ

刺胞動物門／ヒドロ虫綱／軟クラゲ目／オワンクラゲ科／カザリオワンクラゲ属
*Zygocanna buitendijki*

沿岸に運ばれるのは非常に稀な、外洋棲の種と考えられます。過去に三重県鳥羽市で１９９４年に14個体、２０００年に37個体が採集されていますが、いずれも大型台風の去った後だったようです。

傘はお椀形で傘径１３０ミリほどまで。外傘上に波打つように隆起した畝《うね》が放射状に並ぶのが特徴で、この列は最大１５０本にまで達します。触手は太く、最大50本ほどが不規則に並びます。

外傘上の波打つような隆起畝列が、和名の「飾り」の由来。

分布：南日本の太平洋沿岸、山口県青海島／インド、インドネシア、パプアニューギニア
大きさ：傘径130㎜程度
毒：有毒 無毒

神出鬼没なレアクラゲ

# ゴトウクラゲ

刺胞動物門／ヒドロ虫綱／軟クラゲ目／コップガヤ科／ゴトウクラゲ属

*Staurodiscus gotoi*

沿岸での目撃例が少なく、外洋棲の種類と思われます。傘径は22ミリほどで、放射管は4本。それぞれ2～3対の枝管を派出させています。

触手や生殖巣は他種にはあまり見られない淡褐色。触手は8本で、正軸部の触手は太くて長く、間軸部の触手はそれよりも細く短いもので、いずれの触手も扁平しています。

1927年に静岡県の清水港で見つかって以来、各地で単発的に見つかっているものの発見例は少ないようです。

傘縁には内側に眼点のある感覚棍（かんかくこん）が88個ほど並んでいる。

**分布**：駿河湾、鹿児島／インドネシア・スンダ海峡、パプアニューギニア
**大きさ**：傘径20㎜程度
**毒**：有毒 無毒

column
クラゲの不思議 ②

# 食べられるクラゲたち

のんびりと漂うクラゲは、ほかの生き物のエサになることもたびたびあります。小さなクラゲだけに限らず、体長2メートルにもなるエチゼンクラゲも、魚の集団（ウマヅラハギなど）に襲われると、早い段階で食べつくされてしまいます。マンボウもクラゲが好物らしく、胃袋から大量のキタミズクラゲが出てきたという報告もあります。魚のほかにも、イソギンチャクや亀などの生き物にも食べられてしまうことがあります。ときに、丸呑みにされてしまうこともあるんですよ。

とはいえ、クラゲの体はほぼ水分です。一般的には栄養素がほとんどないとされてきたのですが、なぜいろいろな生物のエサになるのかという疑問が浮かびます。もしかすると、海の中の生き物だけが知っている重要な栄養素が含まれているのかもしれません。

クラゲを食べるといえば、人間もクラゲを食してきました。その歴史は約1700年も昔に中国ではじまったとされています。ビゼンクラゲやエチゼンクラゲ、最近ではメキシコのキャノンボールなど種類はさまざま。中華料理に使用されることが多く、コリコリとした食感が特徴です。また、近年では、クラゲのタンパク質粉末の中に脂質代謝改善効果があることなども発見され、薬としての効果も期待されています。

エチゼンクラゲを食べるウマヅラハギ

お肌つるつるの色白さん

# ビゼンクラゲ

刺胞動物門／鉢虫綱／根口クラゲ目／ビゼンクラゲ科／ビゼンクラゲ属

*Rhopilema esculentum*

傘径500ミリほどまで。傘は半球状で厚みがあり、外傘表面をさわるとつるつるしていて滑らかです。口腕《こうわん》には多数の糸状体と触手状の付属器、そして細長い紡錘形《ぼうすいけい》の付属器があります。

北海道南部から九州までの日本各地に分布し、特に夏から秋にかけて大量に現れます。いずれも半透明で青みがかった灰色をしていますが、出現時期の後半には白色から淡黄色まで変化が見られます。

本種は以前「スナイロクラゲ」と呼ばれていたものと同種であると考えられている。

**分布**：北海道南部〜九州までの日本各地／渤海、黄海、東シナ海北部沿岸各地、韓国

**大きさ**：傘径500㎜程度

**毒**：有毒　無毒

## 国内最大サイズのクラゲ

# エチゼンクラゲ

刺胞動物門／鉢虫綱／根口クラゲ目／ビゼンクラゲ科／エチゼンクラゲ属

*Nemopilema nomurai*

傘径1・2メートルほどまでになる、国内最大種。近くで泳ぐと迫力満点です。主なルートとしては、夏から秋にかけて日本海を北上し、九州北部から北海道南部までの幅広い地域で目撃されています。

大量発生することがあり、漁業被害も報告されています。悪者扱いされやすいクラゲですが、アジやブリの稚魚や幼魚が共に行動しており、魚たちの育成環境を提供しているという点で、なくてはならない存在です。

国内最大種。重さは150〜200Kgにもなる。

**分布**：北海道南部〜九州／中国、韓国
**大きさ**：傘径1.2m程度
**毒**：有毒　無毒
ⓘ刺胞毒が強く、刺されるとひどく痛みを感じる。

エサを丸呑みする巨大プレデター

# ウリクラゲ属の一種

有櫛動物門／無触手綱／ウリクラゲ目／ウリクラゲ科／ウリクラゲ属

*Beroe* sp.

ウリクラゲの仲間では最大種で全長４００ミリにもなります。ゼラチン質はやわらかくて、体全体がブヨブヨしています。体表面に赤褐色の細かい色素が散在しており、全体ではややピンク色に見えます。

櫛板《しつばん》は一列に４２０個ほどもありますが、櫛板を使って泳いでいる様子はなく、潮に流されながら漂っていることがほとんどです。夜間は物理的刺激によって体全体で発光するのが確認できます。

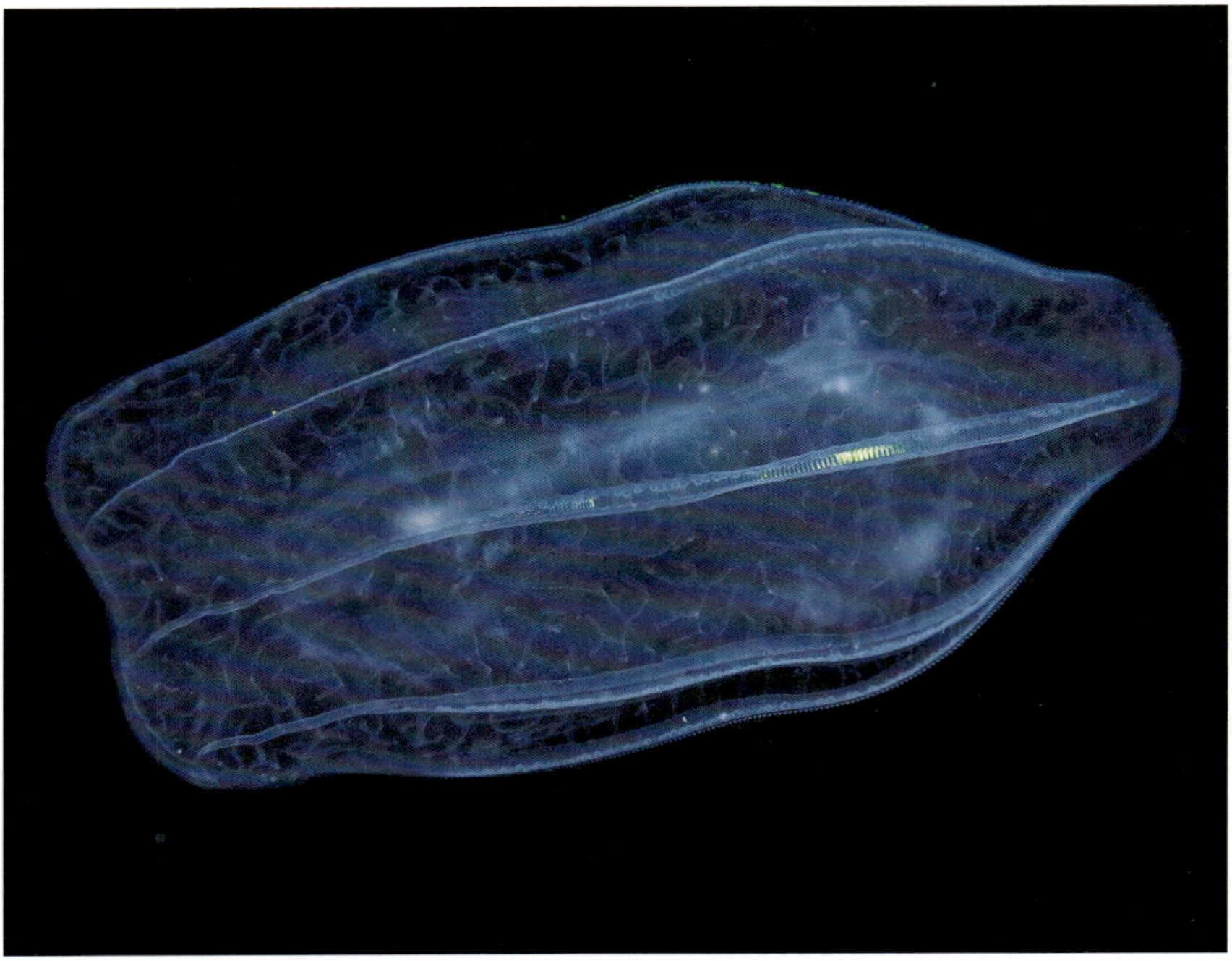

獲物が口のそばに来たときだけ瞬発的に反応して食べていると思われる。

**分布**：南日本各地
**大きさ**：体長300〜400㎜
**毒**：有毒 無毒

妖艶に浮かぶ白い塊

# ユウレイクラゲ

刺胞動物門／鉢虫綱／旗口クラゲ目／ユウレイクラゲ科／ユウレイクラゲ属

*Cyanea nozakii*

傘径500ミリほどまで。傘は半透明でゼラチン質は薄く、全体が乳白色をしています。傘縁は16個の縁弁に分かれていますが、副軸の切れ込みが特に深くなっていて大きな8つの切れ込みのように見えます。

口腕《こうわん》は複雑に折りたたまれたカーテン状です。アジなどの幼魚が育成期の隠れ場所として口腕や触手の周りを利用しているほか、ウマヅラハギの成魚にとっては、ユウレイクラゲは大好物のエサのひとつのようです。

海に浮かぶフワッフワッとした白い塊は、まるで「幽霊」が浮かんでいるよう。

**分布**：本州の太平洋岸、瀬戸内海、九州／中国・黄海、東シナ海沿岸、韓国

**大きさ**：傘径500㎜程度

**毒**：有毒　無毒

北の海に暮らす大型種

# サムクラゲ

刺胞動物門／鉢虫綱／旗口クラゲ目／サムクラゲ科／サムクラゲ属

*Phacellophora camtschatica*

ハナビラウオの幼魚が隠れ場所として利用している。

全体が乳白色で、ユウレイクラゲに似ていますが、傘縁は16個の縁弁に分かれ、さらに2～7個の浅い切れ込みで小さな縁弁に分かれるなどの点で区別できます。

触手は伸長すると15メートル以上伸びることもあります。ゼラチン質プランクトンを好み、他のクラゲやヒカリボヤ、サルパなどを大量に捕らえる姿をしばしば目撃します。寒流系の種類で、オホーツク海のほか、冬の駿河湾や相模湾にも現れます。

**分布**：オホーツク海～駿河湾／樺太、カリフォルニア沿岸など世界中の寒海

**大きさ**：傘径600㎜程度

**毒**：有毒　無毒

## 体にエビを住まわせる

# エビクラゲ

刺胞動物門／鉢虫綱／根口クラゲ目／イボクラゲ科／エビクラゲ属

*Netrostoma setouchianum*

傘は扁平で上傘の中央部分は厚みがあり、イボクラゲ（P.64）のものよりもやや小さな三角円錐状の突起が並んでいます。ゼラチン質はイボクラゲに比べると薄く、傘や口腕《こうわん》は白っぽい半透明でやや黄色がかって見えたり、赤みがかって見えることも。口腕は8本ですが、さらにその先端が2つに枝分かれしてひだが密集し、まるでカリフラワーのようです。この口腕の中にタコクラゲモエビなどが共生していることがあります。

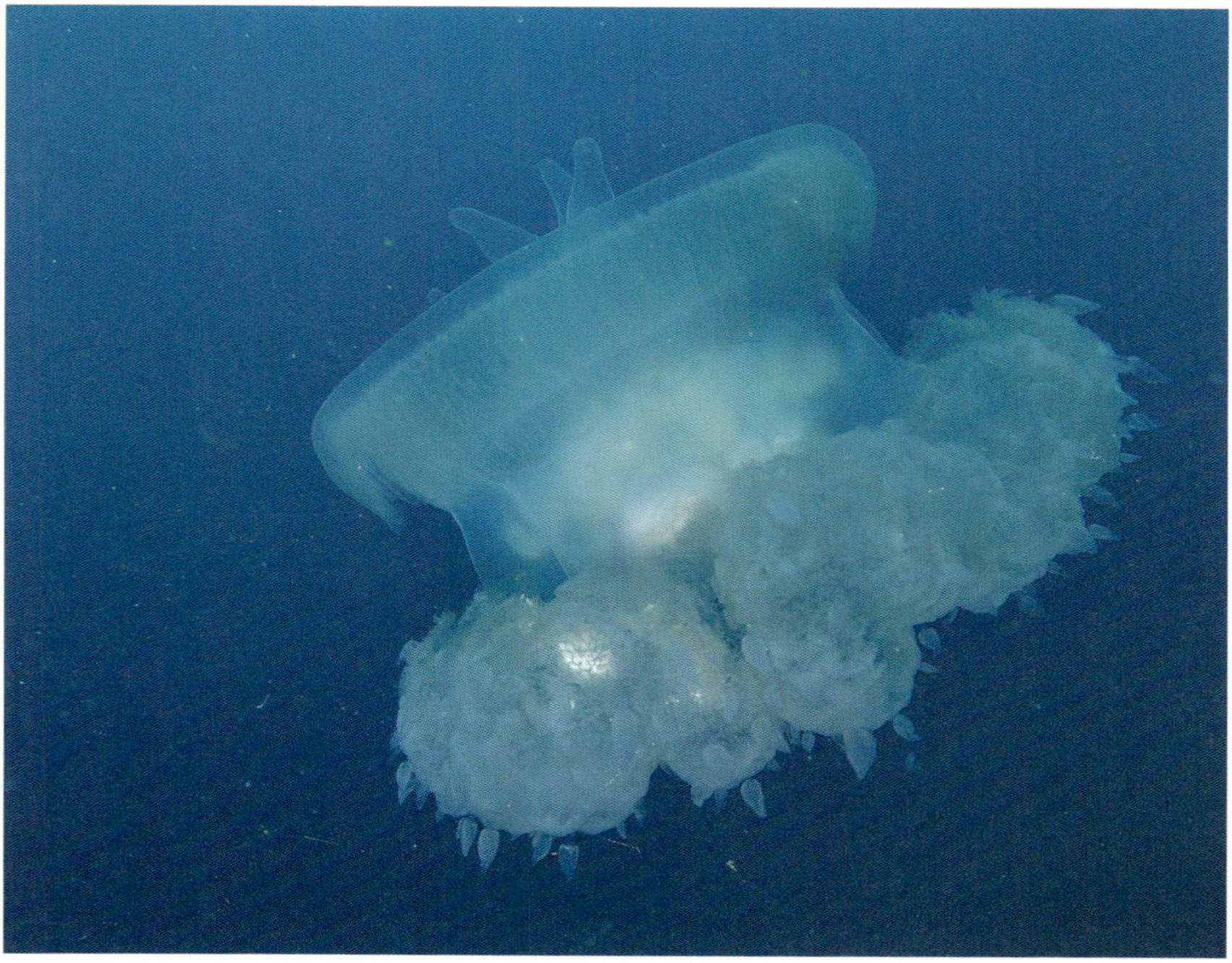

触手は短くて口腕から垂れ下がるほど極端に伸ばすことはない。

**分布**：南日本各地／インド東海岸、中国東シナ海沿岸、フィジーなど
**大きさ**：傘径250㎜程度
**毒**：有毒　無毒

オレンジ色の液を噴出

# オオツクシクラゲ

刺胞動物門／ヒドロ虫綱／管クラゲ目／ツクシクラゲ科／ツクシクラゲ属

*Forskalia edwardsi*

国内のツクシクラゲ類の中では最大種で、群体は長いものでは2メートルを超えます。泳鐘部《えいしょうぶ》に対して相対的に栄養部は長く、長いものでは3～11倍以上になります。

栄養体の中央に橙色《だいだいいろ》の色素が詰まった部分があり、刺激を与えると一気に散らばり、同時にオレンジ色の液体を噴出します。刺されるとたいへん痛いので注意が必要です。駿河湾以南の南日本に分布しており、本来は外洋表層棲のクラゲです。

刺胞を蓄えた栄養部がとても長く、海中では遠くにある泳鐘部が見えずに、栄養部だけが先に見えることがある。

**分布**：駿河湾以南の南日本
**大きさ**：最大2m程度
**毒**：有毒　無毒
ⓘ刺されると痛い

大きい

ゆらゆら漂う黄色いリボン

# アイオイクラゲ

刺胞動物門／ヒドロ虫綱／管クラゲ目／アイオイクラゲ科／アイオイクラゲ属

*Rosacea cymbiformis*

2つの泳鐘《えいしょう》がそれぞれの腹側で相対して向き合う様子が「相生《あいおい》」という和名の由来となっています。実際にはそれぞれの泳鐘の大きさにはわずかな差があり、大きいほうは最長53ミリまで、小さいほうは最長48ミリまで知られています。

泳鐘部に続く栄養部の幹群は特に長く、全長は3メートルを超える場合があります。しかしながら、その長さゆえに途中で切れてしまうことも多いようで、泳鐘部のない状態で潮に流されて漂っている本種もよく見かけます。

栄養部は透明な保護葉が密に続き、黄色の刺胞叢（しほうそう）を備えた側枝のある触手がらせん状に収まっている。

**分布**：日本各地／極域を除く世界中の暖海
**大きさ**：体長約3m程度
**毒**：有毒　無毒

カラフルなネオンサイン
# ハナガサクラゲ

刺胞動物門／ヒドロ虫綱／淡水クラゲ目／ハナガサクラゲ科／ハナガサクラゲ属
*Olindias formosus*

昼間はほとんど動かずに、海藻や流れ藻の中でじっとしていますが、夜は触手をめいっぱいに広げながら遊泳しています。外傘にある棍棒状《こんぼうじょう》の短い触手の先端には、蛍光ピンクや蛍光グリーン色の色素があり、たいへんカラフルなクラゲです。主に幼魚などを捕食しています。

放射管は通常6本。沖縄県や三重県などで確認されている放射管が4本の個体については検討の必要があります。

海の中でもネオンサインのように蛍光色が目立っています。日本特産。

**分布**：南日本
**大きさ**：傘径100㎜程度
**毒**：有毒　無毒

## 光を浴びると七色に光る瓜

# ウリクラゲ

有櫛動物門／無触手綱／ウリクラゲ目／ウリクラゲ科／ウリクラゲ属
*Beroe cucumis sensu Komai*

体は半透明の瓜形。体長80ミリほどのものが多いですが、大きいものでは体長150ミリほどにもなります。触手は持っていません。8本の櫛板列《しつばんれつ》があり、各櫛板列は体長の3／4～5／6ほどを占めています。

エサとして同じクシクラゲ類などを食べるクラゲ食で、海中を積極的に泳ぎまわりながら、口にふれた獲物を丸呑みにしていきます。南日本の表層に通年見られますが、特に春先に多く表れます。

光を浴びると櫛板（しつばん）が反射して、キラキラと七色に光って見える。

**分布：**日本近海
**大きさ：**体長150㎜程度
**毒：**有毒　無毒

ウリクラゲに丸呑みにされたフウセンクラゲ。

冬の海に咲く、小さな赤い花

# ベニクラゲモドキ

刺胞動物門／ヒドロ虫綱／花クラゲ目／ベニクラゲモドキ科／ベニクラゲモドキ属

*Oceania armata*

相模湾から与那国島まで南日本に幅広く分布しています。秋から冬にかけて最も多く、いずれも表層に現れます。

傘は透明な釣鐘形《つりがねがた》で、口柄《こうへい》全体が紅色に染まっています。傘縁の触手は2環列で200本ほどあり、水中ではそれをめいっぱい広げた状態で逆さまになって浮いている姿をよく目にします。泳ぐ際はピョコン、ピョコンとゆったりとリズミカルに泳ぎます。

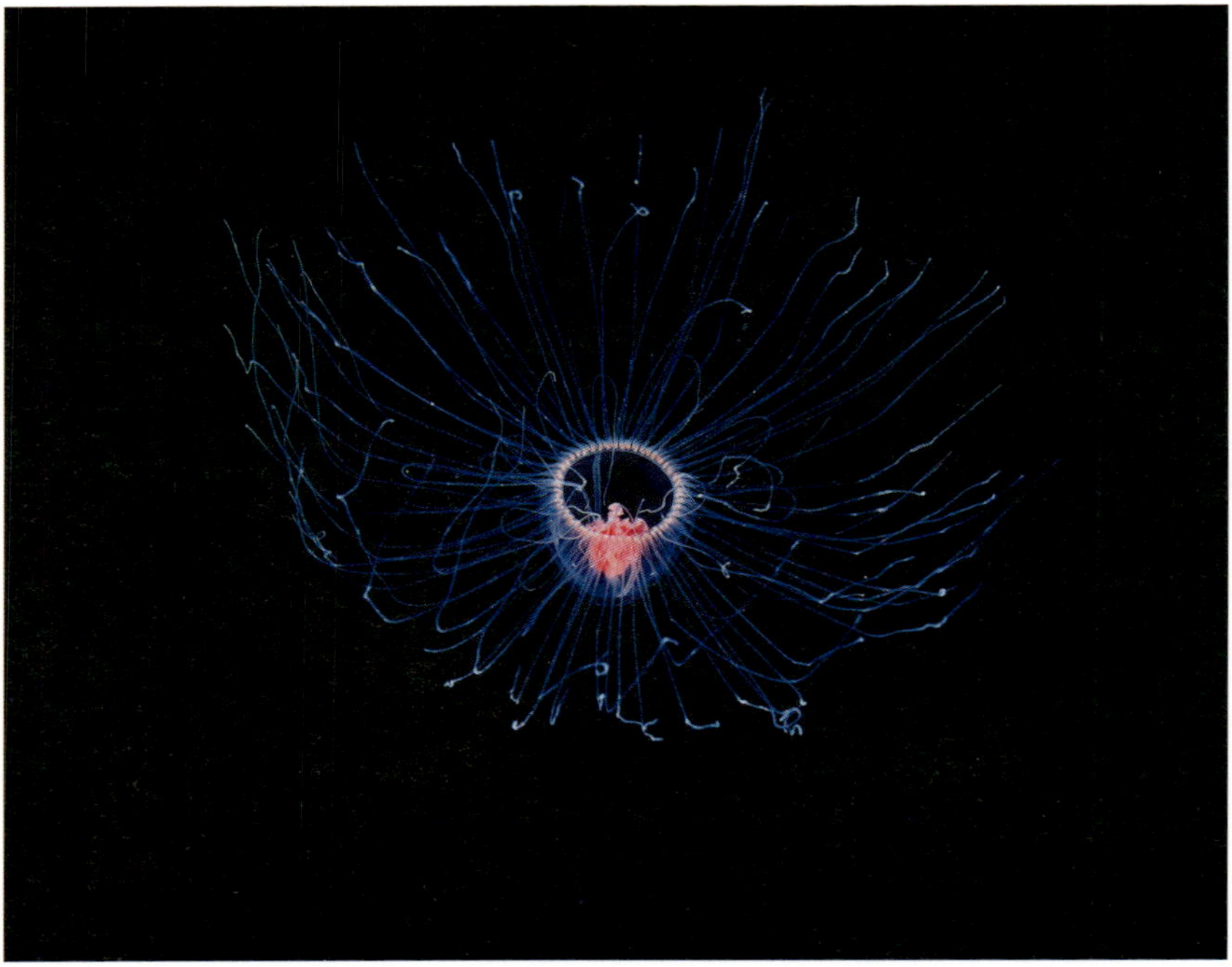

駿河湾では冬のクラゲとしてなじみ深い。水中でもこの紅色はよく目立つ。

**分布**：相模湾以南の太平洋岸／インド洋～太平洋、大西洋、地中海

**大きさ**：傘高12㎜程度

**毒**：有毒 無毒

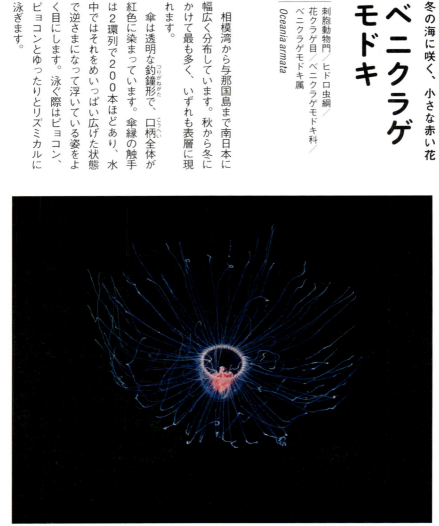

口唇を赤く染めたおませさん

# ハナアカリクラゲ

刺胞動物門／ヒドロ虫綱／花クラゲ目／エボシクラゲ科／ハナアカリクラゲ属

*Pandea conica*

傘は縦に長い釣鐘形《つりがねがた》をしています。4本の放射管は幅が広く、縁がギザギザしています。触手は伸ばすととても長く伸長し、最大44本まであることが知られています。

口唇《こうしん》や口柄《こうへい》、触手は紅色に染まることがありますが、個体によってもその程度や部位に差があります。主に小型のヒドロクラゲ類を食べるクラゲ食で、食べる際には傘を上下に縮ませて、触手で捕えたクラゲに直接、食らいつきます。

外傘上に触手と同じ数の筋が傘の頂上まで伸び、触手の外側に紅色の眼点がある。

**分布：** 相模湾〜奄美大島の太平洋、山形県〜京都府の日本海／インド洋〜太平洋、大西洋、地中海
**大きさ：** 傘高35㎜程度
**毒：** 有毒　無毒

暗闇に光る海の航海士

# オキクラゲ

刺胞動物門／鉢虫綱／
旗口クラゲ目／オキクラゲ科／
オキクラゲ属
*Pelagia noctiluca*

8本の触手は、8個の感覚器と交互に並ぶ。外傘の表面は大きな刺胞瘤で覆われている。

色彩には変異が見られますが、傘や口腕《こうわん》は、淡紫色や淡黄色のものが存在しています。口腕や触手は傘よりも濃い色彩で、生殖腺は濃い紅色や紫色をしています。発光することが知られており、種小名の「noctiluca」はラテン語で夜光るという意味。

主に外洋域に生息していますが、海流などで沿岸に運ばれてくることも少なくありません。ポリプ世代を持たず、クラゲから放たれたプラヌラは直接エフィラに変態します。

**分布**：黒潮の影響を受ける日本各地／世界中の暖海
**大きさ**：傘径70㎜程度
**毒**：有毒　無毒

column
クラゲの不思議❸

# クラゲの寿命

クラゲは何歳まで生きられるのかということは、正確には分かっていません。同じ個体をずっと追いかけて観察することは難しいからです。

ただ、いくつかの種類については推定年齢が調べられています（『クラゲのふしぎ―海を漂う奇妙な生態―』〈技術評論社〉参照）。例えば、ハネウミヒドラのクラゲはたった数時間で有性生殖を行い死んでしまうことが分かっています。マミズクラゲは約1ヶ月、アンドンクラゲは約半年、ミズクラゲは約8ヶ月（最大20ヶ月）といわれていて、長生きするクラゲと考えられています。クラゲによって、寿命はさまざまです。

なかには、ベニクラゲのように、「不老不死」といわれるクラゲもいます。ここでもう少し、ベニクラゲの若返り法を解説します。

クラゲは寿命を迎えるとそのまま死に至ります。ベニクラゲも普通はそのような一生を送っています。しかし、何らかの影響で環境がわるくなったと判断したとき、ベニクラゲはクラゲの姿を退化させ、口柄《こうへい》だけを残し、その後再びポリプへと逆戻りすることがあります。つまり多くのクラゲにはない、〝若返り〟をすることができるのです。

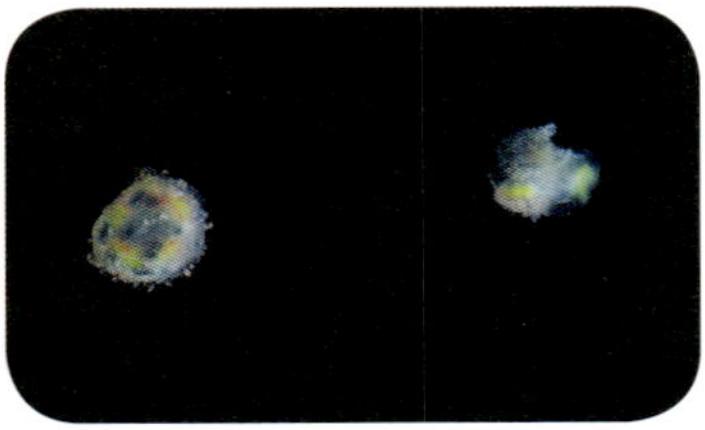

退化萎縮している状態のニホンベニクラゲ

ニホンベニクラゲ

## 潮に流されながら舞う

# Zygocanna vagans

刺胞動物門／ヒドロ虫綱／軟クラゲ目／オワンクラゲ科／カザリオワンクラゲ属
*Zygocanna vagans*

傘は極端に扁平で、ゼラチン質はコリコリとした特有の硬さがあります。放射管は傘幅60ミリほどで32本、76ミリの個体で45本になります。生殖巣は放射管の長さの7割ほどに棒状で発達。触手は淡黄色でらせん状に縮まり、最大70本に達します。

インド・太平洋から大西洋及び地中海に分布しています。極端に浅い傘のせいか、泳ぐ力は弱く、潮に流されながら漂うことが多いように見えます。

本種の生態写真が公開されるのは、本邦ではこれがはじめてになると思われる。駿河湾で撮影。

**分布**：駿河湾／西武太平洋の温・熱帯域
**大きさ**：傘幅76㎜程度
**毒**：有毒　無毒

**ちょこちょこ動く小さな太陽**

# ニチリンクラゲ

刺胞動物門／ヒドロ虫綱／
剛クラゲ目／ニチリンクラゲ科／
ニチリンクラゲ属
*Solmaris rhodoloma*

傘の頂上がわずかに膨らみます。口は単純な丸い形で、口柄《こうへい》を持ちません。円盤状の傘の縁には最大30本までの糸状触手が並び、これを常に上向きに伸ばしながら泳いでいます。

水面付近に集中して群れることがあり、ときにはこのクラゲで前が見えなくなるほど密集することもあります。細かな脈動のリズムを繰り返しながら、ちょこちょこと泳ぎまわり、仔魚やシダレザクラクラゲなどを捕えます。

和名の由来は、その形が太陽のようであることから「日輪」となった。

**分布**：日本各地／太平洋の温・熱帯域
**大きさ**：傘径10㎜程度
**毒**：有毒 無毒

海底にくっつくと見えない！

# カブトヘンゲクラゲ

有櫛動物門／有触手綱／カブトクラゲ目／カブトヘンゲクラゲ科／カブトヘンゲクラゲ属
*Lobatolampea tetragona*

国内では東京湾以南の太平洋岸から石垣島にかけて分布しています。水深1～30メートルの砂泥底の海底に付着して生息しています。透明な体は、海底にいると同化していて見分けがつきません。

底にいるときは、傘の内側にある触手をめいっぱいに伸ばしてエサの小動物がふれるのを待っています。刺激を受けると一時的にふわっと飛び立ちますが、すぐにまた海底に降りてきてじっとしています。

傘の内側にある触手をめいっぱいに伸ばしている。

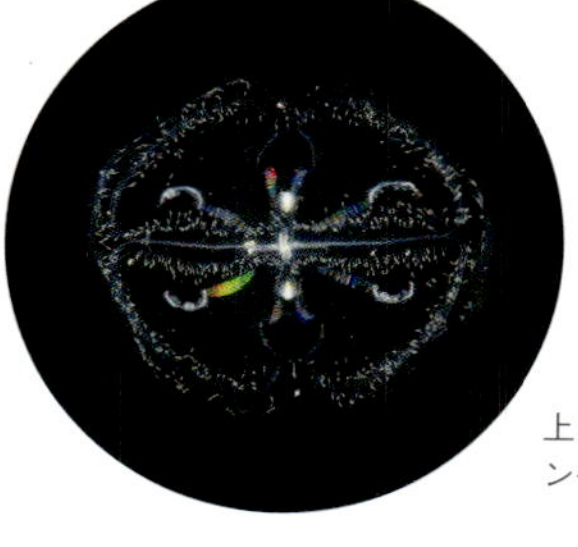

上から見たカブトヘンゲクラゲ

分布：東京湾～石垣島の主に太平洋岸／紅海
大きさ：傘径47㎜程度
毒：有毒　無毒

どこにでもくっつきます

# ソコキリコクラゲムシ

有櫛動物門／有触手綱／クシヒラムシ目／クラゲムシ科／クラゲムシ属

*Coeloplana meteoris*

砂泥底に生息するクラゲムシの一種。体の両端の腕状部を持ち上げて、水流に吹き流すように触手を伸ばしています。和名は、住処である海底の「ソコ」と、繊細な模様がガラス工芸品の「切子《きりこ》」に似ることから。

海底に直接付着するほか、ロープや空き缶などの人工物があれば好んで付着する傾向があります。国内では沖縄海域に生息し、海外ではインドネシア、マレーシア、フィリピンなどに生息しています。

赤褐色の不規則な線や斑紋が走る。

ガラス細工のような繊細な模様が体一面にあります。

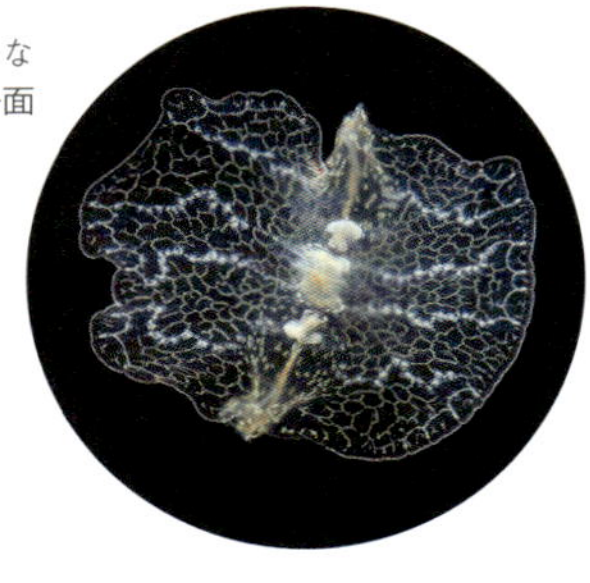

**分布**：沖縄／西部太平洋の亜熱帯・熱帯域の内湾
**大きさ**：体幅40㎜程度
**毒**：有毒 無毒

昼間はのんびり夜を待つ

# ヒメアンドンクラゲ

刺胞動物門／箱虫綱／アンドンクラゲ目／ミツデリッポウクラゲ科／ヒメアンドンクラゲ属

*Copula sivickisi*

夜行性で、小型のアンドンクラゲ目の仲間です。傘は頂上が丸みのある箱形で、４本の触手には、赤褐色の横縞模様が並んでいます。昼間は触手をすべて折りたたみ、岩の上で休んでいることが多いですが、ときには群れになって泳ぐこともあります。

ヒメアンドンクラゲ

**分布**：和歌山県田辺湾、鹿児島県南部、沖縄本島周辺／インド洋～太平洋
**大きさ**：傘高15㎜程度
**毒**：有毒 無毒
(!) 刺されると痛い

昼間は沿岸付近の浅場にある岩の上や海藻上に付着して休んでいる。

泳がずじっとして暮らします

# ムシクラゲ

刺胞動物門／十文字クラゲ綱／十文字クラゲ目／アサガオクラゲ科／ムシクラゲ属

*Stenoscyphus inabai*

普通10～15ミリほどですが、全長25ミリの大きなものも見られます。ホンダワラ類のほか、アマモやマクサなど、沿岸の浅場に生息するさまざまな海藻類の枝に付着して生息する付着性のクラゲです。

一般的なクラゲのように泳ぎまわることはありません。

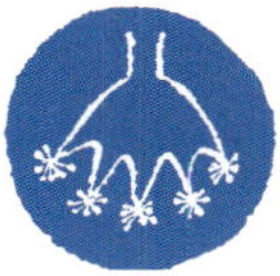

**分布**：北海道の日本海沿岸、陸奥湾、紀伊半島、瀬戸内海、九州天草／中国・黄海沿岸、韓国
**大きさ**：全長25㎜程度まで
**毒**：有毒 無毒

体の色は茶褐色・黄褐色・緑色などさまざまで、中には白い斑紋や縦帯があるものもいる。

ひっくり返ったままが心地いい

# サカサクラゲ

刺胞動物門／鉢虫綱／根口クラゲ目／サカサクラゲ科／サカサクラゲ属
*Cassiopea sp*

波静かな内湾環境に多く見られ、サカサクラゲという名のとおり、一般的なクラゲとは逆向きに海底に上傘をつけている状態でいます。

動物プランクトンを捕食しますが、体に褐虫藻を共生させて、その光合成による栄養も得ています。

分布：鹿児島県〜沖縄県／世界中の暖海
大きさ：傘径150㎜程度
毒：有毒 無毒

ほとんど泳ぐことなく海底にじっとしている。海底に付けている傘は扁平な円盤形。

海藻につかまるのが好き

# カギノテクラゲ

刺胞動物門／ヒドロ虫綱／淡水クラゲ目／ハナガサクラゲ科／カギノテクラゲ属
*Gonionemus vertens*

沿岸の浅場に生息するホンダワラ類などの海藻上で見られるクラゲで、触手の先端がカギノテのように曲がっているのが特徴です。この曲がる部分のやや手前に少し色が違って見える付着細胞があり、これで海藻上に付着してじっとしています。

分布：日本各地／インド洋〜太平洋、大西洋、地中海
大きさ：傘径20㎜程度
毒：有毒 無毒
① 刺胞毒がとても強く、刺されるとひどくはれ上がるため注意。

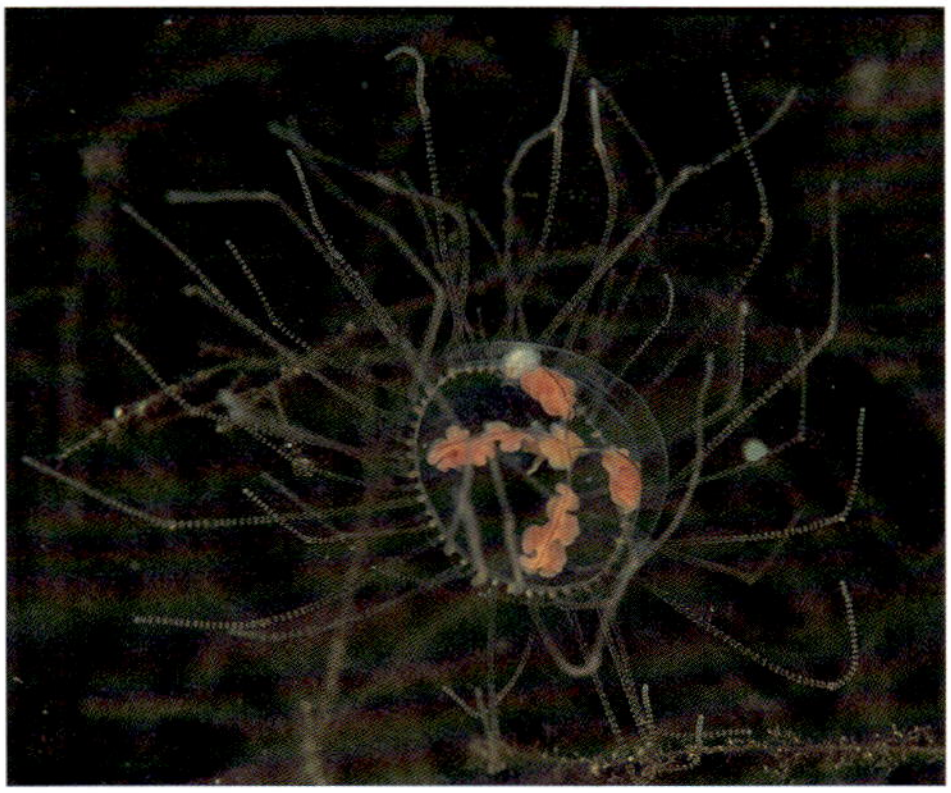

日本各地の藻場に生息し、海藻上で付着生活をしている。

ゆらゆら

# 浮遊生物の世界

海の中には、クラゲのほかにもさまざまな浮遊生物がいます。ゆらめく姿はまるで小さな妖精のよう。どんな浮遊生物がいるかのぞいてみましょう。

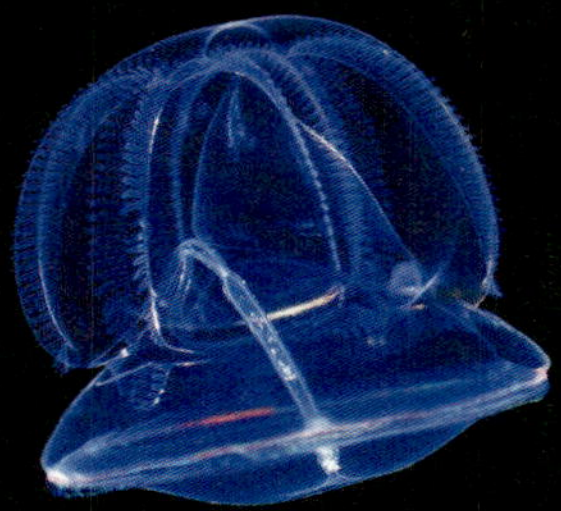

**ギボムシ類のトルナリア幼生**

環のようにある繊毛で遊泳する。

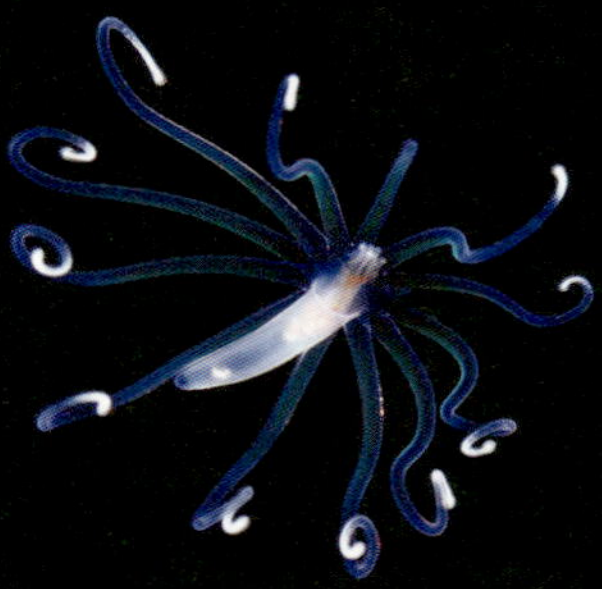

**ハナギンチャク科のアラクナクチス幼生**

円柱形の体と複数の触手を持つ。

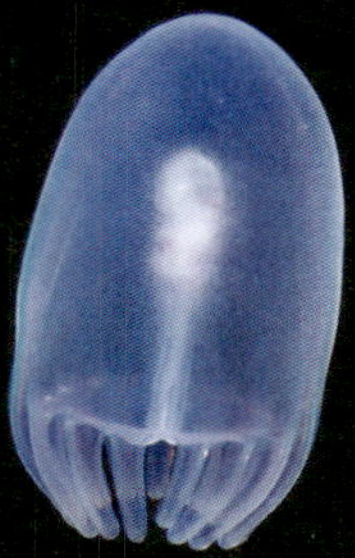

**ハナギンチャク属のケリヌーラ幼生**

上下逆になるとそのままイソギンチャクの姿に。

ゆらゆら豆知識1

## プランクトンの語源はギリシャ語

浮遊生物とは「プランクトン」のこと。英語では「plankton」と書きますが、もともとはギリシャ語で「さまようもの」を意味する「planete」に由来しているといわれています。確かに、海の中をさまよっているように見えますね。

### ワガタヒカリボヤ

最大5㎝以下の小さなヒカリボヤ。

### サルパ（有性生殖時代）

個体が輪のようになっている。画像はシャミッソサルパ。

ゆらゆら豆知識2

## 光り輝くプランクトン

クラゲ以外にも、プランクトンではヒカリボヤ類が発光します。この仲間は海のパイナップルといわれていて、数ミリほどの個虫が集まって群体をなし、数十センチから10メートルを超えるようなものまで見られます。

### コノハウミウシ

ウミウシ類には腹足があるが、本種にはなく浮遊生活を送る。体に発光細胞を持つ。

**イセエビ科**
**フィロソーマ幼生**

親とは違って平たい葉のような体をしている。

**シャコの浮遊期幼生**

浮遊期は盾のような甲を持つ。

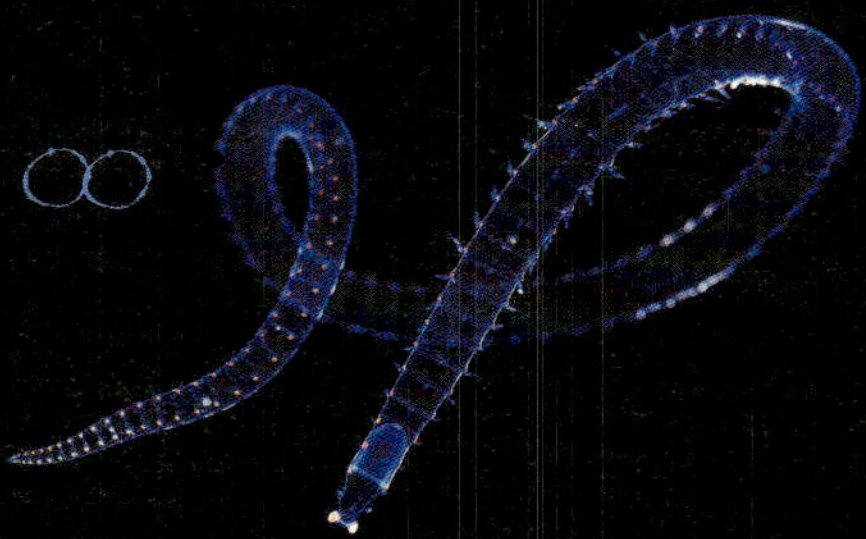

**ウキゴカイの一種**

浮遊生活をするゴカイは体が透明。

ゆらゆら豆知識3

## クラゲに隠れて身を守る

浮遊性のゴカイ類は、クラゲと同じく半透明をしています。これはクラゲの群れに混じることによって体をカモフラージュする目的もあると考えられています。また、毒を持つクラゲに似ることで捕食物をだますのに役立っているとも考えられます。

**ダルマガレイ属の稚魚**

腹側の目が背中側に徐々に移動する。

ゆらゆら豆知識4

## 赤ちゃんのときだけ、プランクトン

イカ、タコ、エビ……といった無脊椎動物の多くの幼生は、「一時プランクトン」と呼ばれ、赤ちゃんのときだけプランクトンとして浮遊します。成長すると、しっかりと泳げるようになり、プランクトンではなくなります。

**チョウチョウウオ科**
**トリクチス期稚魚**

この頃だけ頭部が骨板で覆われている。

**イカの幼体**

**タコの幼体**

イカやタコも幼い時期はプランクトンであり、このような幼い時期にだけプランクトンとして過ごすものを「一時プランクトン」と呼ぶ。

**ウツボ亜科の**
**レプトセファルス期の幼生**

丸くなるポーズは防御の姿勢。

column
# クラゲの不思議④

## クラゲだけどクラゲじゃない？

浮遊生物の中には、「クラゲ」という名前がつきながらクラゲではない生物がいます。「クラゲダコ」は、全長およそ35センチにもなる半透明のゼラチン質をした体をしていて外見もクラゲにそっくりですが、クラゲではなく軟体動物です。「ハダカゾウクラゲ」も、「クラゲ」という名前がついていますが、分類は軟体動物門腹足綱なので、貝の仲間です。ほかにも、「クラゲイカ」というイカの種類や、クラゲとよく一緒にいる「クラゲウオ」という魚もいます。では「キクラゲ」は？　これは木に生えているキノコです。クラゲだけどクラゲじゃない生き物は意外と多いようです。

クラゲダコ

ハダカゾウクラゲ

story

3

# クラゲのきほん

クラゲとは、一体どんな生き物なのでしょう。
その暮らしぶりや気になる毒のことなど、
クラゲの基礎知識をおさえましょう。
クラゲがもっと、不思議な生き物に思えてくるでしょう。

# クラゲって、いったい何者？

**見ているだけでもかわいいけれど、生態もとってもおもしろいクラゲ。いつからいるの？ 何を食べるの？ 基礎知識をおさえましょう。**

## ① 約5億年前に誕生

海の中をゆらゆらと漂うクラゲは、儚《はかな》い生き物のように見えますが、約5億数千年前には地球上に誕生していたことが分かっています。化石産地のカナダ「バージェス生物群」や中国「澄江《チェンジャン》生物群」から、鉢虫綱やヒドロ虫綱といった化石が発見されたのです。ただし、体がほぼ水のクラゲは化石に残りにくいため、もっと昔から存在していた可能性もあります。

石炭期後期のメゾンクリーク生物群から発見されたクラゲ化石。ノジュールという丸くて硬い塊の中に閉じ込められた形で産出する特殊な環境。

## ② クラゲは、プランクトン

クラゲの多くは「プランクトン」と呼ばれる生き物です。プランクトンとは、「遊泳能力がない、もしくは、あっても弱く水中で浮遊生活を送る生き物」。プランクトンと聞くと微小生物と思いがちですが、それは間違いです。流れに逆らって移動できる魚は「ネクトン」、海底で付着生活をする生き物は「ベントス」と呼ばれます。クラゲの中にはベントスに分類されるものもいます。

## 3 クラゲは肉食動物です

クラゲは完全なる肉食性です。動物性プランクトンや小魚、魚卵に加え、ほかのクラゲを丸呑みにすることもあります。かわいい姿からは想像できませんね。刺胞動物門のクラゲは毒を注入して獲物を捕らえ、有櫛動物門のクラゲは、粘着質の物質（膠《こう》胞《ほう》）によって獲物をからめとります。食事時間は決まっておらず、24時間摂餌しています。

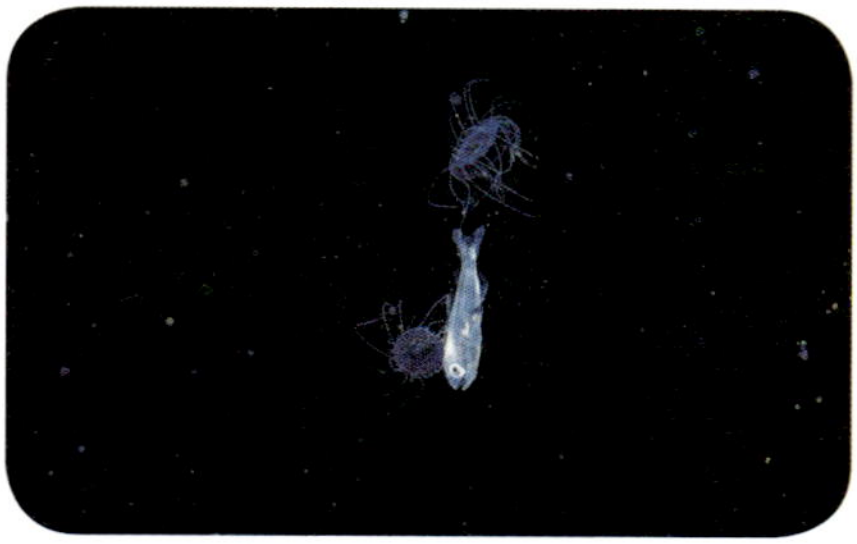
稚魚を食べるニチリンクラゲ

トガリサルパを捕食したオワンクラゲ

## 4 じつは、泳ぎ上手

クラゲの中には、ただ漂っているだけではなく、敵を察知したら瞬間移動したり、敵に触手をつかまれたらトカゲのように自切して逃げたり、泳ぎ上手のクラゲもいます。例えばヒメツリガネクラゲ（P.28）は瞬間移動が得意。イチメガサクラゲ（P.70）は、触手を自切するクラゲとして挙げられます。泳ぎ方もぜひ注目してみて下さい。

ヒクラゲは、一回の脈動でスイスイ進み、泳ぐスピードが速い。クラゲの中でいちばんの泳ぎ上手かも。

# クラゲの一生

**クラゲは生まれたときはどんなかたちをしているの？**
**クラゲがどんな一生を送るのか解説します。**

## クラゲは変身を繰り返して成長する

クラゲは、生まれたときはまったく違う形をしています。いくつかの姿を経て水族館などで見られる“クラゲ”の姿に成長するのです。

クラゲのなかでもポピュラーな、鉢虫綱のクラゲを例に説明しましょう。

まず、クラゲの精子と卵子が受精すると楕円体の幼生「プラヌラ」が現れます。このプラヌラはしばらくは水中を泳ぎますが、適当な場所を見つけて付着し、「ポリプ」へと変化。ポリプはイソギンチャクのようなかたちをしていて、触手を使って自分でエサを食べ成長するだけでなく、無性生殖を行い、どんどん数を増やします。

このポリプは、水温がある一定の温度に下がると、変態を開始して縦に伸びながら横にくびれを生じる「ストロビラ」へ。ストロビラから遊離し「エフィラ」となり、さらに成長すると幼クラゲに。そして、ついにクラゲへと成長するのです。

そのクラゲがまた有性生殖を行い、次の世代へと命を繋いでいきます。多くのクラゲが、この「ポリプ時代」と「クラゲ時代」を過ごしますが、中にはポリプの時代がないものや、生活史が解明されていないクラゲもいます。

ミズクラゲのストロビラ。くびれが増え、やがてエフィラとなって遊離する。

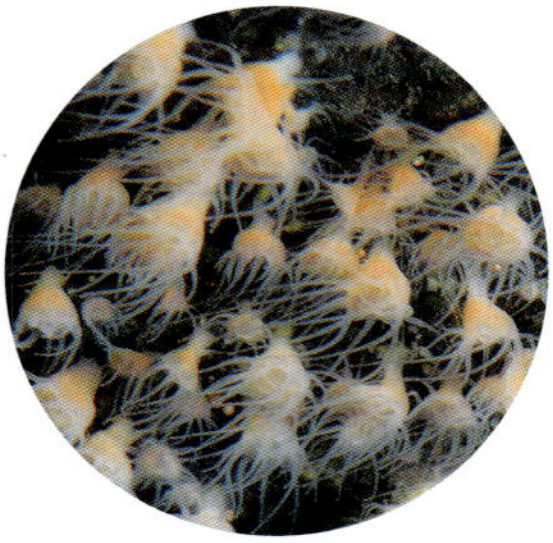

ミズクラゲのポリプ。ポリプは熊の手のような形をしている。

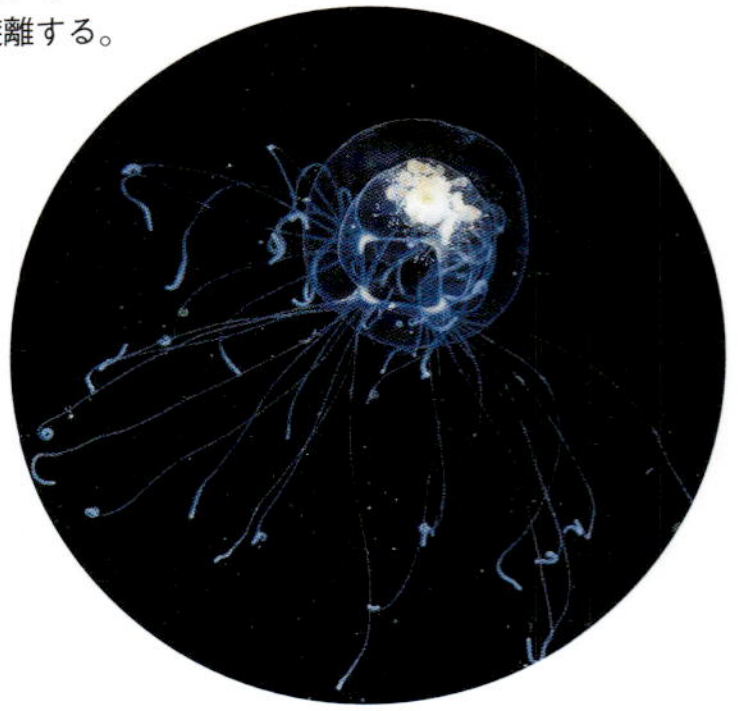

ヒドロクラゲ類の中には、クラゲであっても未成熟のうちは無性生殖で増殖するクラゲもいる。クラゲ芽を出芽中のコモチエダクラゲ。

# 鉢虫綱のクラゲの一生

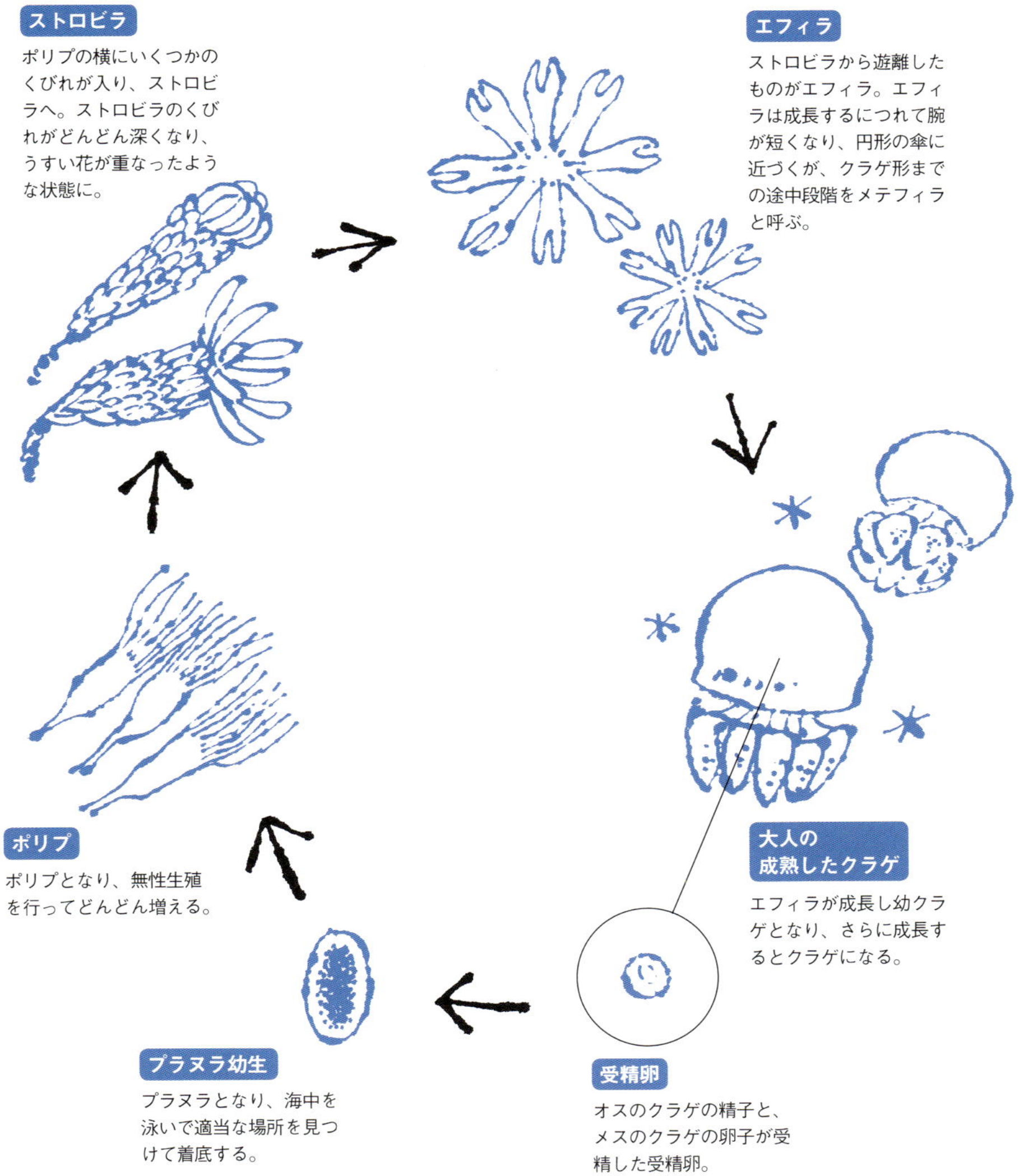

ストロビラ
ポリプの横にいくつかのくびれが入り、ストロビラへ。ストロビラのくびれがどんどん深くなり、うすい花が重なったような状態に。
エフィラ
ストロビラから遊離したものがエフィラ。エフィラは成長するにつれて腕が短くなり、円形の傘に近づくが、クラゲ形までの途中段階をメテフィラと呼ぶ。
大人の成熟したクラゲ
エフィラが成長し幼クラゲとなり、さらに成長するとクラゲになる。
受精卵
オスのクラゲの精子と、メスのクラゲの卵子が受精した受精卵。
プラヌラ幼生
プラヌラとなり、海中を泳いで適当な場所を見つけて着底する。
ポリプ
ポリプとなり、無性生殖を行ってどんどん増える。

# 気になる毒の話

**海水浴に行ったら、クラゲに刺された経験がある人もいるはず。クラゲの毒って強いの? 刺されたらどうなる? クラゲの毒について知りましょう。**

## 刺胞の中に毒のカプセルを内包

刺胞動物門のクラゲは、毒を備えたカプセルである刺胞を持ち、カプセル内に納められた刺糸が射出され、外敵や獲物に毒を注入します。

一方、有櫛動物門のクラゲは、刺胞がないので、毒を備えていません。

「毒」と聞くとクラゲが怖い生き物のように思われますが、そもそも毒は、エサとなる小さなプランクトンを仕留めるために準備しているものです。しかし、中にはヒトに被害を与えるほどの強い毒を持つクラゲも存在しています。

CAUTION 1

### 毒の成分はタンパク質

クラゲの主要な毒素は、タンパク質です。ただ、その中の痛みを引き起こす物質についてはほとんど解明されていません。種類によって毒の性質はさまざまなので、対処法もクラゲによって違います。

CAUTION 2

### 毒針が短いと〝人は〟刺されないこともある

ミズクラゲのように毒を持っていても毒針が短いため、ヒトを刺しても表皮内にしか毒素を注入できず、私たちは毒素の被害を受けません。刺症の度合いは刺糸の長さが関係していると考えられます。

CAUTION 3

### 毒のカプセルは使い捨て

刺胞の中身は、一度外に飛び出ると、再びカプセルに戻ることができません。使用済の刺胞が触手から剥がれ落ちると、触手の根元で新しい刺胞を作り、剥がれ落ちた部分へ再配置します。クラゲによって配置方法は変わります。

## 毒にまつわるエピソード クラゲに刺されたら……

エチゼンクラゲが大量出現したとき、海に入って撮影した際にエチゼンクラゲにかなり刺されてしまいました。その後、中華クラゲの入った料理を食べたらアナフィラキシーショックが起こるようになり、中華クラゲが一切食べられなくなりました。このような症状は、じつは私だけではなく、越前でダイビングガイドをしていた方や、同じようにエチゼンクラゲの撮影をした同業のカメラマンでも同様の症状があらわれていることから、食用クラゲ（近似種）のタンパク質と近い種類のクラゲに刺されたことに何らかの関係があるのではないかなと想像しています。ただ医学的にはこれらの関係について全く調べられていません。

CAUTION 4

## くしゃみをさそう毒クラゲ

日本でも毒クラゲとして有名なアカクラゲは、網にかかったまま乾燥し破片となって風に運ばれ目や鼻に入ると、反射によってくしゃみが止まらなくなることから、漁師さんたちは「ハクションクラゲ」と呼んで嫌っています。

CAUTION 5

## 危険なクラゲたち

### ヒクラゲ

**●分布**：国内では、九州沿岸や瀬戸内海、紀伊半島から駿河湾にかけての太平洋側
**●時期**：主に11〜12月頃
**●大きさ**：体長200㎜程度

傘のゼラチン質は比較的しっかりとしていて、泳ぎは非常に速い。傘の4隅からピンク色がかった1本の長い触手が伸びる。毒は強く、刺されると激しい痛みと炎症を起こす。漢字では「火水母」と書く。冬に現れるクラゲ。

### ハブクラゲ

**●分布**：主に奄美・琉球列島に生息する
**●時期**：例年5〜10月頃
**●大きさ**：傘高150㎜程度

大型のハコクラゲの仲間で、波静かな浅瀬に現れる。傘の4隅からそれぞれ7〜8本の触手が伸びていて、触手の長さは1.5ｍを超えることがある。刺されると患部はミミズ腫れになる。ひどい場合は意識障害や呼吸困難、心停止に至ることもあり、これまでに死傷による3件の死亡例がある。

### ケムシクラゲ

**●分布**：国内では、九州沿岸や瀬戸内海、紀伊半島から駿河湾にかけての太平洋側など
**●時期**：主に11〜2月頃
**●大きさ**：傘高200㎜程度

日本近海では泳鐘部（えいしょうぶ）のない個体しか未だ発見されていない。栄養部は白色からピンク色で、ふさふさのロープのような形状をしている。

column
クラゲの不思議 5

# 大発生はどうして起こる？

生物はときどき大発生をすることがあります。そのたびに人々は驚いて、ニュースなどで取り上げられることがあります。このような特定の生物の大発生にはいったいどのような意味があるのでしょうか？　一つの可能性として考えられることは、生き物は変わりゆく環境に抵抗するために、一時的で爆発的に子孫を増やす戦略を選んでいる可能性です。もう一つはますます肥大化していく人間の経済活動などによって、環境の富栄養化が進んだ結果、特定の生物だけが増えてしまった可能性も考えられます。しかしながら、これらについて明確な事実は何も明らかにされていないのが現状です。

では実際にクラゲが大発生すると、私たちにとってはどのような影響があるのでしょうか。漁業に関しては、特に巻き網漁や沿岸の定置網漁などで被害が報告されており、例えば大型のエチゼンクラゲが発生した際には、クラゲの重さによって網が破網する被害や、魚がクラゲの刺胞に刺されて変色し、商品価値が極端に下がるなどの被害が報告されています。また、海水を冷却水として利用している発電所などでも、クラゲの大発生によって、取水が十分にできなくなり、一時的に発電を止めるなどの影響が出ることもありました。

このような極端な生物の発生は人間の価値観だけで判断するととてもやっかいなものです。

しかし、自然界に生きる魚たちにとっては、必ずしもそうとは限りません。大型クラゲは、たくさんの生き物たちにとっての隠れ家として利用されます。また、カワハギやズワイガニなどのエサになることもあり、食物連鎖の重要な一端を担っているのです。

クラゲの大発生の謎については永遠のテーマであり、これからも研究を進めていかなくてはなりません。人間の価値観だけの判断で特定の生き物だけが排除されることのないように、もっと広く深い研究を人間は続けていく必要があります。

ミズクラゲの大発生

story

# 4

# クラゲのときめき

寝ても覚めてもクラゲのことを考えていたい！
眺めているだけでは物足りない人へ、
クラゲの知られざる魅力や、クラゲグッズを紹介します。

北里大学海洋生命科学部

# クラゲ研究室を訪問！

北里大学海洋生命科学部には、日本でも数少ないクラゲの研究室があります。日本全国から集まるクラゲ好きのみなさんに会いに行きました。

## 謎多きクラゲに魅せられた、若き研究者たちが集結

取材に訪れたのは、北里大学海洋生命科学部水圏生態学研究室。ここは、クラゲの研究者で著書も多い三宅裕志先生が率いる研究室で、クラゲや浮遊生物、深海生物の研究を行っています。もともとは三陸キャンパス（岩手県大船渡市）にありましたが、東日本大震災により、相模原キャンパス（神奈川県相模原市）に移転しました。当初は海水の調達に苦労しましたが、新江ノ島水族館の協力を得て徐々に設備を完備。研究室の学生さんは、毎日約40種以上のクラゲの赤ちゃん（ポリプ）のお世話をしな

この日は3人一組でクラゲのポリプにエサを与えていた。スポイドを使ってエサを水中に注入していく。

クシクラゲの分類を研究している和田菜花さん。「触手をビューンと伸ばしているところがかわいくて」

カギノテクラゲの水槽の水換え中。ポリプは一定の温度と条件で、冷蔵庫で管理している。

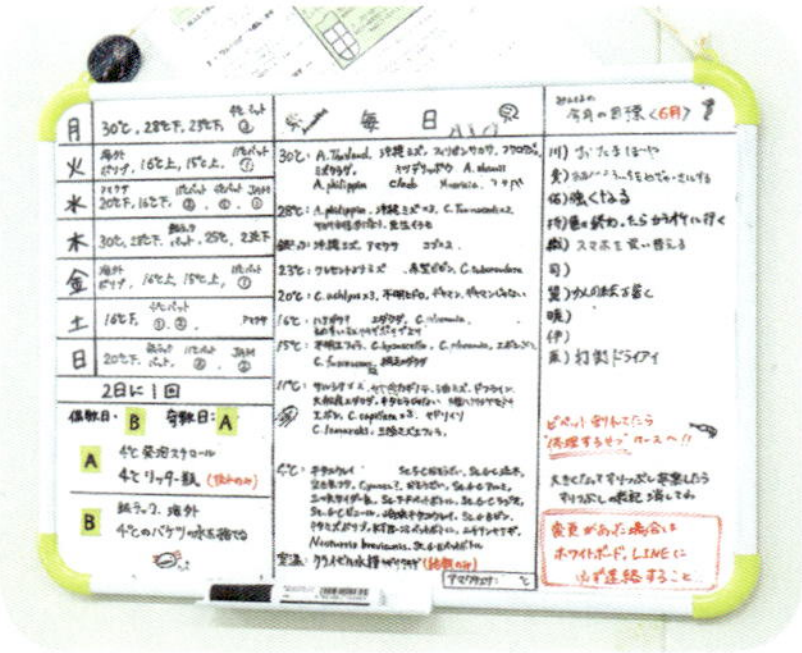

クラゲごとに適した水温が違うため、ホワイトボードで共有する。どの日にどのクラゲにエサを与えるかは曜日ごとに分けている。

がら研究に励んでいます。ときにはタイやフィリピン、マレーシアなどへクラゲの採集に行くこともあるそうです。

研究テーマを聞いてみると、「クシクラゲの分類」「三陸沿岸のクラゲの生息状況の調査」「ミズクラゲのクラゲ形成の遺伝子の発見」など、興味の先は人それぞれ。でも、さすがが全国から集まったクラゲ好きのみなさん、興味の深さが伝わってきました。

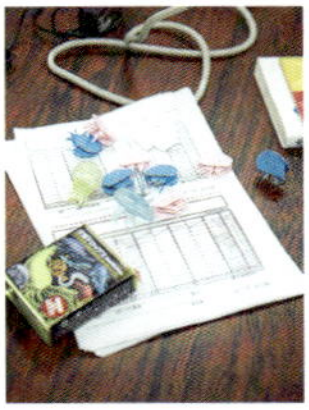

研究室の机の上には、折り紙で折ったクラゲが！ 気づけば増えるクラゲアイテム。

水槽の水質チェック中。北里大学は、クラゲの飼育設備が充実している。

クラゲの写真を撮りに水族館に通っています
（織田綾子さん）

クラゲアクセサリーを手作り。「鉢虫綱のクラゲが好きです」（吉川美月さん）

アマクサクラゲの赤ちゃん。研究室の至るところにクラゲやポリプが飼育されている。

# ときめくクラゲグッズ

寝ても覚めてもクラゲといっしょにいたい！
そんな夢を叶えてくれるアイテムを見つけました。
クラゲグッズを少しずつ集めてみませんか？

「台湾の切手」（峯水さん私物）

## 切手

クラゲが想いを運んでくれる。コレクションするのも楽しくなるはず。

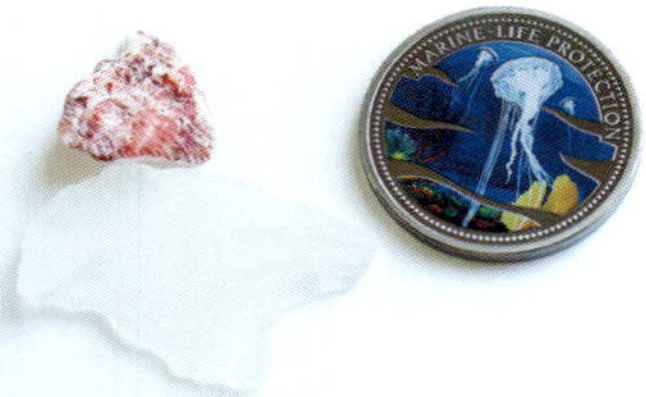


「パラオの記念コイン」峯水さん私物

## 記念コイン

コインの中にすっぽり入ったクラゲ。お気に入りのアイテムと並べてみては？

「遊泳くらげ」（かまわぬ）／かまわぬ代官山店問03-3780-0182

## 手ぬぐい

日用品にクラゲがいたら、家事も楽しくなりそうです。

## モビール

紙でできたクラゲが風に吹かれてゆらゆら。ただただぼーっと眺めていたいな……。

「風海月　くるくる」かみの工作所　／福永紙工(問)042-526-9215（直通）

## ハンカチ

毎日使うハンカチに、クラゲ模様を取り入れてみるのもいい。なんとも涼しいきもちに。

uonofu「海月、音なく浮かぶ」(H TOKYO)／H TOKYO 三宿店(問)03-3487-4883

## クラゲを描くこと ―魚譜画家・長嶋祐成さん―

クラゲの触手は、傘の動きが伝わってなびいています。描くときにこちらの意図が入ってしまうと不自然な線になってしまいます。だから、クラゲの傘を描いたら、触手がなびく方向へ一気に手を動かすだけ。いい線が生まれるかは、その日によって変わるのですごく難しかったです。僕はいま石垣島に住みながら魚を描いています。海に潜るとクラゲに遭遇することもしばしば。クラゲが現れると、無音の空間に包まれる気がして不思議ですね。

プロフィール

長嶋祐成（ながしま・ゆうせい）

魚譜画家。1983年大阪生まれ。幼いころに魚の姿に魅せられ魚の絵を描きはじめる。広告ディレクターを経て画業を本職とし、石垣島へ移住。色鮮やかで躍動感のある彼の絵は、自然界に生きる魚の美しさに気づかせてくれる。

www.uonofu.com

# こんなにすごい世界のクラゲ

世界の海をのぞいてみると、見た目やその大きさにびっくりするクラゲがたくさん！
不思議なクラゲの世界がさらに広がるでしょう。

地中海

### *Cotylorhiza tuberculate*

卵の黄身のような部分は生殖腺で、まるで目玉焼きをのせているような姿をしていることから「フライドエッグクラゲ」とも呼ばれています。目玉焼きのような部分の下部には紫色の点々模様があり華やか。大きなものでは傘径が40㎝ほどになります。

写真：アフロ

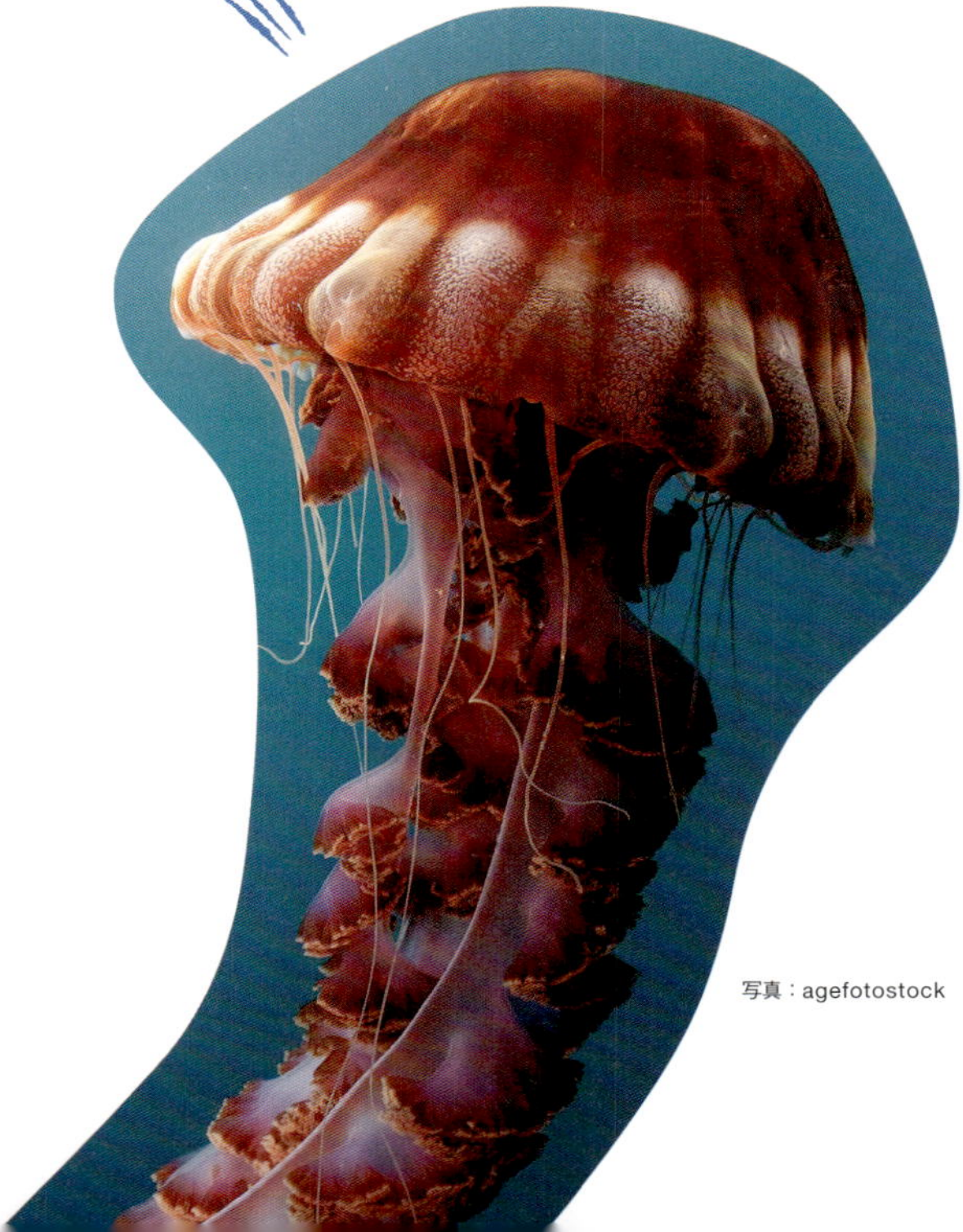


写真：agefotostock

カリフォルニア

### ブラックシー ネットル

*Chrysaora achlyos*

ギリシャ語で「暗く謎めいた太陽神」という意味を持っていて体は赤く、直径1m、長さ8mにも達する巨大なクラゲです。体内に大きないかりのような構造をもっていて、強い海流の中で頭を前にして泳いでも口腕《こうわん》がちぎれることはありません。

巨大なフリルがかわいい

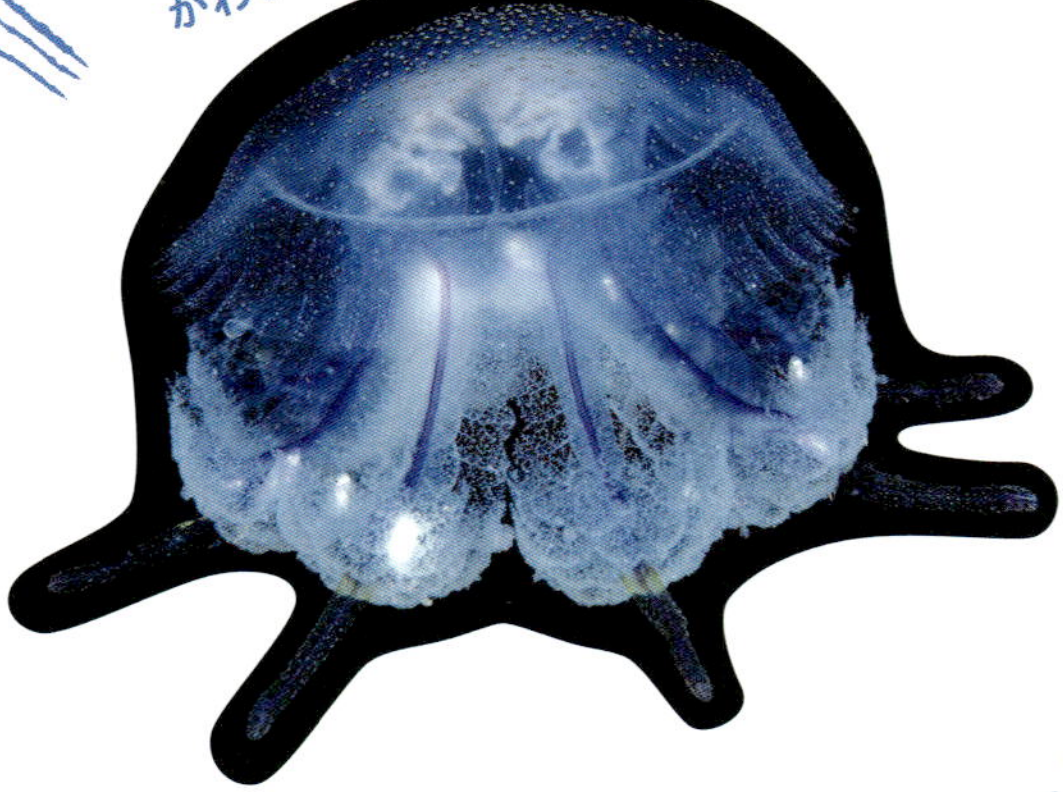

フィリピン、インドネシア、ミャンマー、ハワイなど

## *Anomalorhiza shawi*

傘径は60㎝ほど。平らな傘の傘縁は8つに分かれ、さらに6つの縁弁に枝分かれします。外傘は大小の刺《し》胞瘤《ほうりゅう》で覆われます。また、口腕《こうわん》の外側に美しい青紫色の帯状模様があります。東南アジアだけでなく、ハワイからも報告されていますが、目撃例が少なく、生態写真はわずかしかありません。

地球上最強の毒

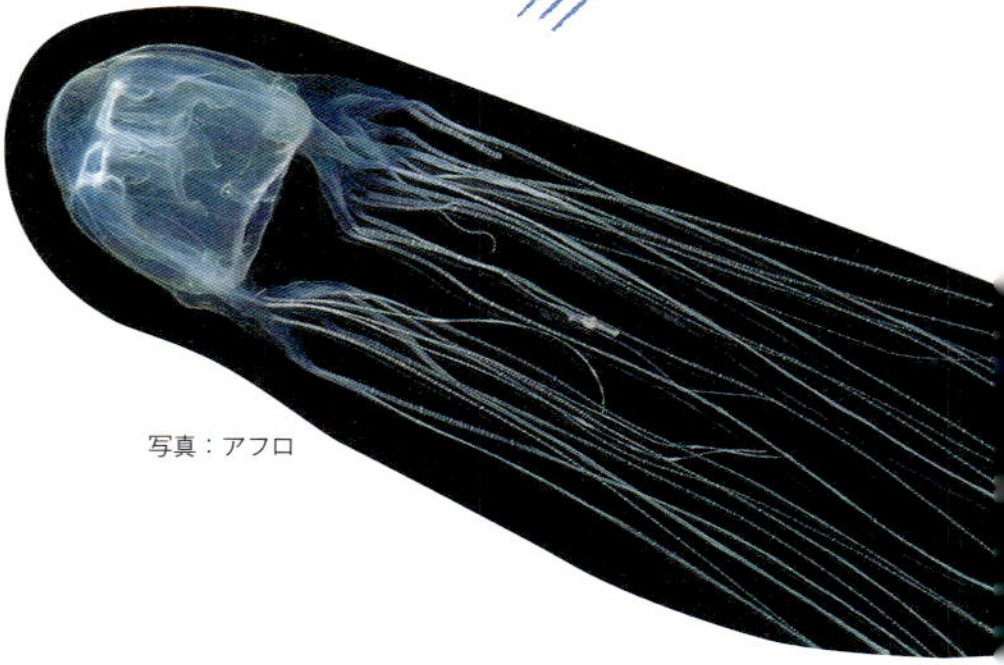

写真：アフロ

オーストラリア、東南アジア諸国

## オーストラリアウンバチクラゲ

*Chironex fleckeri*

通称「キロネックス」。もしも人が刺されると、1分で死亡するともいわれているほど強い毒を持っているクラゲです。触手は、2、3mに達し、ゆらゆらと漂う姿がより恐ろしくうつります。ほかの特徴としては、光に強く誘われ、遠くからでもすばやく近づいてきます。その強力な毒をもって、小魚などの獲物を瞬時に気絶させ捕食します。

明神海丘、インド-太平洋、大西洋、南極海などの深海

## ダイオウクラゲ

*Stygiomedusa gigantea*

触手がなく、口腕が4本あり着物の帯のような形をしています。大型の個体では、長さが10mを超えるものも。この口腕にエサをつけて捕食します。傘下面に4つの穴があり、発育室につながっていて、子どもは親に近い形になるまで発育室の中で育ちます。

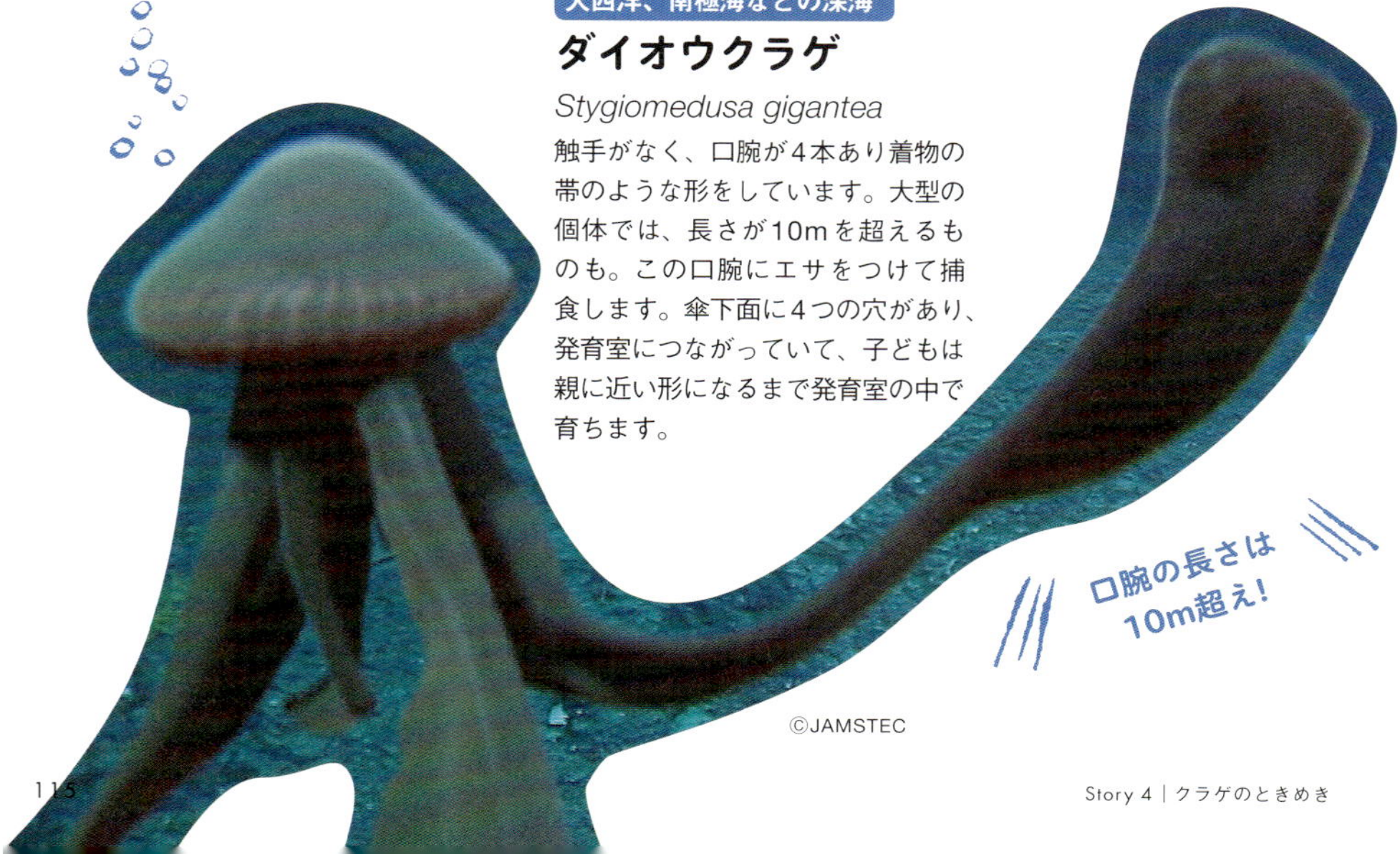

口腕の長さは10m超え!

©JAMSTEC

column
クラゲの不思議⑥

# クラゲは海のゆりかご

海の中に潜っていると、クラゲにちょこんと乗って移動している生き物を見かけることがあります。魚の幼魚や稚魚、カニやエビなどの甲殻類の幼生は、クラゲを自分の仮家として利用するものがいるのです。

クラゲに乗って海の中を移動するメリットは大きく3つあります。

一つは体積を大きくすることにより、より遠くに運ばれやすくなることです。泳ぎの下手な稚魚や幼生たちは、潮に乗って運ばれることでエサの多い場所へ運ばれやすくなり、また生息範囲を広げられるメリットがあります。

もうひとつは、クラゲに住み着くことで、クラゲが捕ったエサを横取りしたりすることができることです。たとえばシマイシガニのメガロパ幼生は、浮遊期を終えてもすぐに砂地には着底せず、しばらくは鉢クラゲ類に住み着いてクラゲの中でエサを横取りして成長します。

最後に、クラゲと一緒にいることで外敵から身を守ることができるということ。毒のあるクラゲにくっついていれば、捕食者から狙われにくくなるという作戦です。

甲殻類以外にも、漂うクラゲに寄生する生き物がいます。例えばヤドリイソギンチャクから放たれた卵は、海中で受精して浮遊幼生となり、クラゲの傘に寄生します。そうすることで、より遠くに運ばれ、生息域を広げることができるのです。ある程度成長したヤドリイソギンチャクの幼生は、クラゲから落下して砂泥地に着生します。

さまざまな生き物にとって、クラゲは海のゆりかごのような場所。その存在はとても大きいのです。

ウチワエビのフィロソーマ幼生にとって、クラゲは遠くに運んでくれるための移動手段。

story

# 5

# クラゲに出会いに

日本には、クラゲに出会える場所がたくさんあります。
ちょっと上級編ですが、
クラゲを探して海に潜るのもクラゲファンの夢。
クラゲの世界を肌で感じてみましょう。

# クラゲに会いに水族館へ行こう

**水族館によって会えるクラゲや展示空間が違うのも楽しみの一つ。まずはどこに行く?**

＊種類や個数は展示や季節によって変動します。２０１８年５月現在の情報です

## アクアマリンふくしま

館内5カ所にクラゲの水槽があり、フロアをめぐりながらクラゲに遭遇できます。シロクラゲは小名浜港で採集した個体ですが、同館では日本で初めて繁殖に成功しています。福島県沖の潮目を表現した大水槽や、いわき市の魚マルアオメエソなど、福島の海の生き物も展示しています。宝石アクアマリンのように輝くガラス屋根も見所です。

**種類・個体数**
5種類・約１０００個体

**見逃せないクラゲ**
シロクラゲ

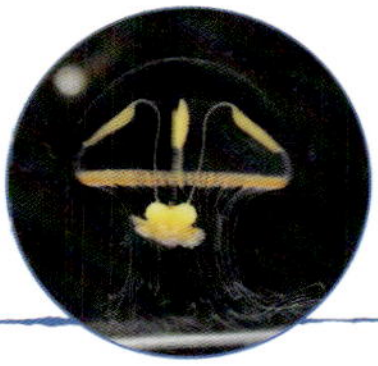

シロクラゲ

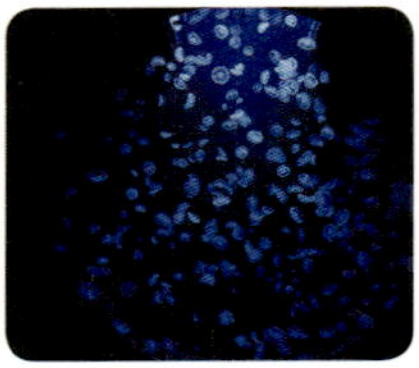

DATA
福島県いわき市小名浜字辰巳町50
0246-73-2525
https://www.aquamarine.or.jp/

## いおワールド かごしま水族館

「クラゲ回廊」では、鹿児島近海のクラゲを中心に海外の種を含め、比較的大型のものから小型のものまでバリエーション豊かに展示しています。季節によって美しいクラゲが採集できた場合は随時展示を替えて公開。深海に住むといわれるアマガサクラゲを世界で初めて展示したのは本館です。

**種類・個体数**
8種類以上・約２００個体

**見逃せないクラゲ**
アマガサクラゲ

世界初展示のアマガサクラゲ

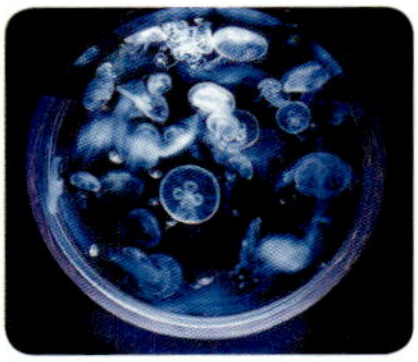

DATA
鹿児島県鹿児島市本港新町3-1
099-226-2233
http://ioworld.jp/

## 九十九島水族館海きらら

九十九島は約10年間の出現調査で１００種類以上のクラゲが確認され、日本でもクラゲの出現数が多い場所です。「クラゲシンフォニードーム」「クラゲ研究室」では、そのクラゲたちを随時入れ替えながら展示。魚とクラゲの混泳など、ほかの生き物を同じ水槽で展示し、九十九島の自然の海を再現しています。

**種類・個体数**
約20種類・５００個体

**見逃せないクラゲ**
ホシヤスジクラゲ、ワタゲクラゲ、キヨヒメクラゲ

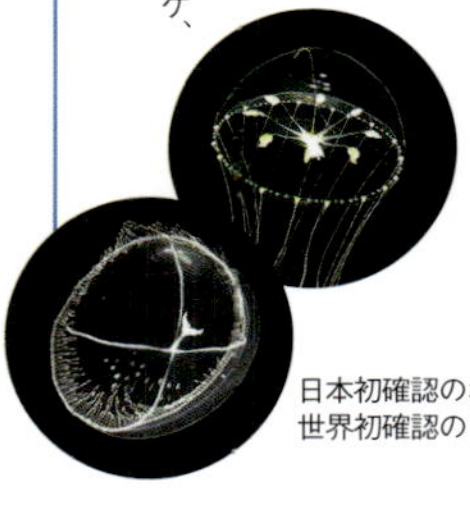

日本初確認のホシヤスジクラゲ(右)、世界初確認のワタゲクラゲ(左)

DATA
長崎県佐世保市鹿子前町1008番地
0956-28-4187
https://www.pearlsea.jp/umikirara/

## 海遊館

展示空間「海月銀河」はまるで銀河のようなエリア。照明を最小限におさえ、各水槽に一筋の光を入れていて、その光の筋を通るときに繊細なクラゲの姿が美しく浮かび上がるよう工夫しています。周囲の壁や天井、床は漆黒にしてクラゲの姿を際立たせるこだわりぶり。美しいクラゲの姿を堪能しましょう。

**種類・個体数**
約10種類・約300個体

**見逃せないクラゲ**
鏡張りの水槽一面に漂うミズクラゲ

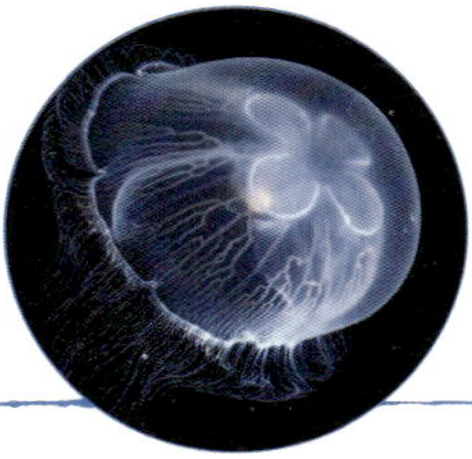

ミズクラゲ

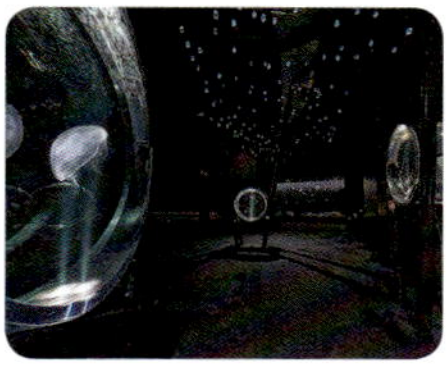

DATA
大阪府大阪市港区海岸通1-1-10
06-6576-5501
http://www.kaiyukan.com/

## 葛西臨海水族園

主に東京湾で採集したクラゲ類を展示しています。ミズクラゲの赤ちゃん（ポリプ）、エフィラ、成体などクラゲの成長の姿を実際に見ながら学ぶことができ親子で展示を楽しむのもおすすめ。カラフルなハナガサクラゲも必見です。クラゲのほかに、国内最大級のペンギン展示場や群泳するクロマグロも人気です。

**種類・個体数**
4種類・約100個体

**見逃せないクラゲ**
ハナガサクラゲ

クラゲのようにも見える外観

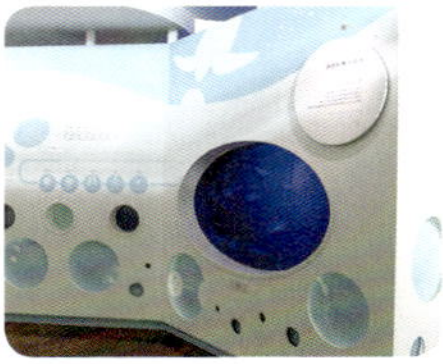

DATA
東京都江戸川区臨海町6-2-3
03-3869-5152
http://www.tokyo-zoo.net/zoo/kasai/

## 鴨川シーワールド

展示室「クラゲライフ」では、ミズクラゲをはじめオホーツク海やカリフォルニア沿岸に生息しているサムクラゲ、水族館でしか発見されていないコブエイレネクラゲなどを展示。夏は夏のクラゲ、冬は冬のクラゲというふうに季節感を意識し、デジタル映像技術も使って楽しみながら学べる展示になっています。

**種類・個体数**
常時11種類ほど・約900個体

**見逃せないクラゲ**
アカクラゲ（春〜夏）

オフィシャルホテルに宿泊すると入園料が無料

DATA
千葉県鴨川市東町1464-18
04-7093-4803
http://www.kamogawa-seaworld.jp/

## 鶴岡市立加茂水族館

世界中からクラゲファンが訪れる水族館。直径5メートルの水槽「クラゲドリームシアター」には約2000匹のミズクラゲが漂い、この巨大な水槽の前に立つと誰もが時間を忘れてクラゲを見つめてしまいます。小さなエチゼンクラゲが入ったラーメンやクラゲアイスなど、斬新なクラゲグルメも人気です。

**種類・個体数**
約60種類・約2000個体

**見逃せないクラゲ**
ルテウムジェリー（ジェーンブルン水族館からポリプをもらい繁殖）

ルテウムジェリー

DATA
山形県鶴岡市今泉字大久保657-1
0235-33-3036
https://kamo-kurage.jp/

## 京都水族館

主に京の海で見ることができるクラゲを展示。幅4・5メートル、高さ2メートルの大型水槽の中をゆったりと漂うクラゲは見応えあり。長い触手をなびかせて泳ぐアカクラゲや、七色に光っているように見えるカブトクラゲなど、季節によって変わるクラゲをぜひ。

**種類・個体数**
8種類・約300個体

**見逃せないクラゲ**
大きくて美しいアカクラゲ

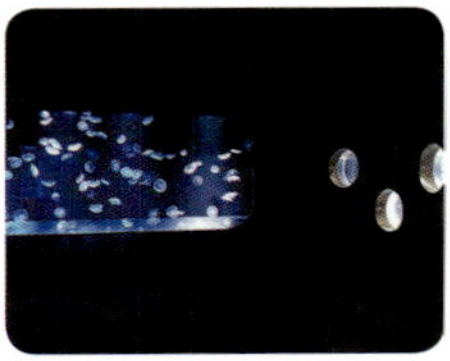

アカクラゲ

DATA
京都市下京区観喜寺町35-1（梅小路公園内）
075-354-3130
http://www.kyoto-aquarium.com/

## しながわ水族館

「クラゲたちの世界」では4種のクラゲを展示。ゆりかご型、円形型、円柱型など、水槽の形を変えてさまざまな角度からクラゲの姿を眺めることができます。エリア全体の照度を下げ、LED調光装置を用いて幻想的なクラゲの空間を作っています。フォトスタジオ水槽ではクラゲと記念撮影が出来ます。

**種類・個体数**
4種類・約100個体

**見逃せないクラゲ**
東京湾で採集したクラゲ

クラゲと記念撮影ができる

DATA
東京都品川区勝島3-2-1
03-3762-3433
http://www.aquarium.gr.jp/index.html

## 新江ノ島水族館

世界でもいちはやくクラゲの飼育研究に取り組み、斬新な展示方法にファンも多い水族館。「クラゲファンタジーホール」には半ドーム式の空間の壁面に大小13の水槽を設置。中央にはクラゲを美しく展示するために考案した球型水槽「クラゲプラネット」も。毎月9日は「クラゲの日」で、クラゲ採集イベントも開催しています（要事前申し込み）。

**種類・個体数**
常時40〜50種類・約1500個体

**見逃せないクラゲ**
キャノンボールジェリー、リクノリーザ・ルサーナ、ブラウンドットジェリー

キャノンボールジェリー

DATA
神奈川県藤沢市片瀬海岸2-19-1
0466-29-9960
http：//www.enosui.com/

## すみだ水族館

東京スカイツリータウン®内にあり東京観光と合わせて楽しめるスポット。ガラス張りの研究室のような「アクアラボ」では、クラゲの飼育や繁殖に取り組む様子を見ることができます。クラゲの拍動を映像化して水中に投影した「ワンダークラゲ」では、クラゲがもつゆったりとした〝いのちのリズム〟を体感できるでしょう。

**種類・個体数**
約10類・約400個体

**見逃せないクラゲ**
カラージェリーフィッシュの赤ちゃん

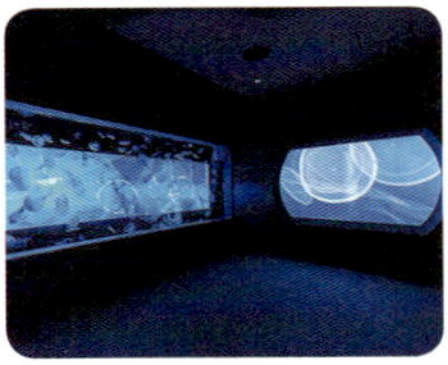

DATA
東京都墨田区押上一丁目1番2号　東京スカイツリータウン・ソラマチ5F・6F
03-5619-1821
http：//www.sumida-aquarium.com/

## のとじま水族館

天井を貫く高さ2・8メートル、直径約80センチの円柱水槽4本や、天井や壁面に泳ぐクラゲが楽しめる「トンネル水槽」は、水槽周辺に配置した鏡で景観を反射させ、幻想的な非日常空間を体感できます。また、近くの海で毎日クラゲの採集を行い、季節展示を行なっています。

**種類・個体数**
常時約10種・約150個体

**見逃せないクラゲ**
青やピンク色のLEDで照らされたクラゲたち

クラゲのトンネル

DATA
石川県七尾市能登島曲町15部40
0767-84-1271
https：//www.notoaqua.jp/

# クラゲに出会うには

クラゲの写真を撮り続ける本書の著者・峯水 亮さん、クラゲに出会うための方法を教えてもらいました。

## クラゲが浮遊するリズムに合せて泳ぐ

長年、同じ海を見続けていると、季節によって会えるクラゲが分かるようになります。毎年、同じように現れるクラゲに遭遇すると、変わらないその姿に安堵することもしばしば。クラゲに出会うことで、「あぁ今年もこの季節がやって来たんだな」「このクラゲが出たということは、もうすぐあの生き物が現れるな」と、クラゲは、私にとって海の季節の指標なのです。

会いたいクラゲがいるときは、そのクラゲが現れる季節や地域、生息環境をあらかじめ確認することが重要です。

また、多くのクラゲは海の中でエサを探しながら泳いでいます。触手をめいっぱい伸ばして浮遊していたものは、サッと触手を縮めて泳ぎ出します。海の中でクラゲと出会ったら、なるべく一定の距離を開けて近づき、できるだけ刺激しないように、クラゲの周りに水流を起こさないように、または遊泳するリズムを合わせる一体感が大切だと思います。

### 出会うために調べておきたいこと

**・時期**

会いたいクラゲが出現する季節を確認します。峯水さんの著書『日本クラゲ大図鑑』(平凡社) に、峯水さんが遭遇した時期や場所の情報が掲載されているので参考にしてみてください。

**・分布**

「時期」と同じく『日本クラゲ大図鑑』や本書をぜひ参考にしてください。そのほか、海岸や海底の地形によって潮の流れが大きく変わるので、地形や潮流を確認することも大切です。

**・生息環境**

ほとんどのクラゲが海面から水深200mくらいの表層にいますが、中にはかなり深い海層にいるクラゲもいます。また、湖や貯水池などの淡水環境に生息しているクラゲもいます。

## 海の中

ダイビングライセンスを取得すれば、海の中をのぞきながら広範囲を探すことができ、泳ぎ方や色合い、触手の伸ばし方など、細かい違いに気づくことができます。

こんな機材を使ってます！

撮影するときの水中カメラ機材です。小さなクラゲを撮影するときはマクロレンズを使用し、大きなクラゲにはワイドズームレンズを使います。クラゲ本来の色を出すには水中ストロボも欠かせません。機材を持ちながら生物に刺激を与えないようにそっと泳ぎます。

## 峯水さんが出会ってみたいクラゲ

これまで数百種以上のクラゲに出会ってきたのですが、未だに会うことが叶わないクラゲがいくつもいて、その一つがムラサキクラゲです。外洋性のクラゲで、台風の通過した後などに沿岸に現れることがあるそうなのですが、目撃例はかなり限られています。決して小さなクラゲではないので、その場にいれば必ず見つけられるはずですが、まだ遭遇できていません。
そしてやはり、なかなか行くことができない深海に生息するクラゲたちにもいつか会ってみたいです。例えばクロカムリクラゲや、ダイオウクラゲ、ディープスタリアクラゲなど、ぜひ、自分の眼で生きている姿を見てみたいですね。このうち、クロカムリクラゲはノルウェーのフィヨルドで見られるそうなので、近い将来会いに行こうと思っています。

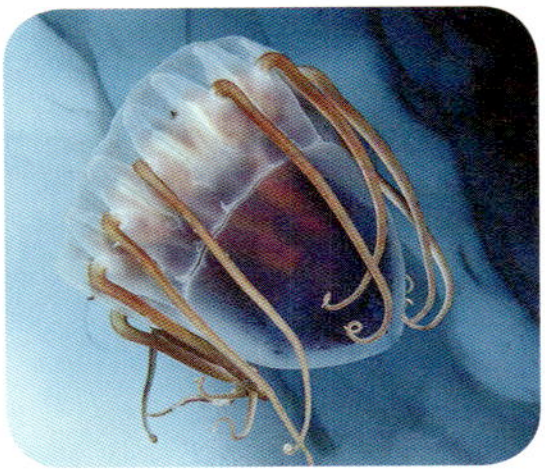

クロカムリクラゲ
©Minden pictures/amanaimages

# さくいん

## 刺胞動物門

### 鉢虫綱



### ヒドロ虫綱

## 有櫛動物門

### 有触手綱



### 無触手綱



### 箱虫綱



### 十文字クラゲ綱

# おわりに

私はクラゲと出会ってからというもの、これまで注目されてこなかったような海の生き物のことについても深く考えるようになりました。

人はついつい、自分の価値観で生き物の優劣を決めてしまいがちです。それは結果的に守るべきものと、守られるべきでないものに区別されます。では、人が注目しないような生き物の命には、いったいどんな意味や価値があるのでしょうか。

私はクラゲを見ることで、生き物たちが複雑に関わりあって生きていることに気づきました。それはどんなにクラゲが悪者になろうとも、海の中にはそれを必要としている生き物が必ず存在していたのです。そして、私たちの力の及ばないところで、生き物たちは常に自然のバランスを保とうとしていました。

人間は海でクラゲに刺されるとクラゲを悪者にしますが、水族館でクラゲを見るときは、なぜかクラゲの優雅な動きに惹きつけられ、癒されています。人間が一番身勝手な生き物なのかもしれません。自然への敬意を忘れずに、私はこれからもこの生き物たちのことを注目していきたいと思っています。

最後に、この本の制作にあたり、お世話になった取材先の方々に、そして、私にこの本を依頼してくださった山と溪谷社の宇川静さん、編集に関わってくださった神武春菜さん、デザイナーの岡睦さんに感謝とお礼を申し上げたいと思います。

2018年7月
写真家　峯水 亮

## 主な参考文献


『日本クラゲ大図鑑』
峯水 亮・久保田 信・平野弥生・ドゥーグル・リンズィー（平凡社）

『美しい海の浮遊生物図鑑』
若林香織・田中祐志 著／阿部秀樹 写真（文一総合出版）

『最新クラゲ図鑑 110種のクラゲの不思議な生態』
三宅裕志・Dhugal J. Lindsay（誠文堂新光社）

『クラゲのふしぎ ― 海を漂う奇妙な生態 ―』
ジェーフィッシュ 著／久保田 信・上野俊士郎 監修（技術評論社）

『大歳時記』（集英社）

『日本大百科全書』（小学館）

## STAFF


文・写真　峯水 亮（みねみず・りょう）

1970年大阪府枚方市生まれ。静岡県にてダイビングガイド・インストラクターに従事した後、1997年にフリーの写真家として独立し、1997年に峯水写真事務所を設立。数多くの児童向け書籍やＴＶ番組などにも写真及び映像を提供するほか、著書も多数。著書に『ネイチャーガイド - 海の甲殻類』『サンゴ礁のエビハンドブック』（ともに文一総合出版）、『デジタルカメラによる 水中撮影テクニック』（誠文堂新光社）、『世界で一番美しいイカとタコの図鑑』（エクスナレッジ）。共著に『日本の海水魚466（ポケット図鑑）』（文一総合出版）。2015年には、18年間におよぶ浮遊生物の写真作品をまとめ上げた書籍『日本クラゲ大図鑑』（平凡社）を上梓。これまでの経験を活かし、自然番組の企画提案なども行う。2015年にはBlack Water Dive®を商標登録し、さまざまな浮遊生物をフィールドで観察できるイベントBlack Water Dive®を国内外で開催。2016年 第5回日経ナショナルジオグラフィック写真賞 グランプリ受賞。2017年6月、アメリカニューヨーク市のFoto Care Galleryにて自身初の個展「The Secret World of Plankton」を開催。BBC ,NBC, ABC, National Geographic 誌などに作品が紹介される。2018年8月、写真集『Jewels in the night sea - 神秘のプランクトン』（日経ナショナルジオグラフィック社）を上梓。2019年日本写真協会賞の新人賞。「クレイジージャーニー」（TBSテレビ）「情熱大陸」（MBS）などテレビ番組にも多数出演。

Website　https://www.ryo-minemizu.com
Office Website　https://seacam.jp
Black Water Dive® Website　https://www.blackwaterdive.net



| | |
|---|---|
| 装丁・本文デザイン | 岡 睦、更科絵美（mocha design）、野村彩子 |
| イラスト | コーチはじめ |
| 線画 | 坂川由美香 |
| 撮影 | 川村恵理（part3 P.102 , P.110 ～ 113） |
| 協力 | 北里大学海洋生命学部／三宅裕志／長嶋祐成 |
| 編集協力 | たむらけいこ |
| 編集 | 神武春菜、東江夏海（DECO） |
| | 宇川 静（山と溪谷社） |

# ときめくクラゲ図鑑


2018年8月25日　初版第1刷発行
2023年5月25日　初版第2刷発行

著者　峯水 亮
発行人　川崎深雪
発行所　株式会社 山と溪谷社
〒101-0051　東京都千代田区神田神保町1丁目105番地
https ://www.yamakei.co.jp/
印刷・製本　大日本印刷株式会社

●乱丁・落丁、及び内容に関するお問合せ先
山と溪谷社自動応答サービス TEL.03-6744-1900
受付時間／11：00～16：00（土日・祝日を除く）
メールもご利用ください。
【乱丁・落丁】service@yamakei.co.jp
【内容】info@yamakei.co.jp

●書店・取次様からのご注文先
山と溪谷社受注センター
TEL.048-458-3455 FAX.048-421-0513

●書店・取次様からのご注文以外のお問合せ先
eigyo@yamakei.co.jp





Printed in Japan
ISBN978-4-635-20245-9